JIANGXI SHENG SHUIDAO
CHANYE FAZHAN BAOGAO

江西省
水稻产业发展报告

（2014—2018）

尹建华　　余艳锋　　主编

中国农业出版社
北　京

图书在版编目（CIP）数据

江西省水稻产业发展报告：2014—2018 / 尹建华，余艳锋主编 . —北京：中国农业出版社，2019.9
ISBN 978-7-109-25920-1

Ⅰ.①江… Ⅱ.①尹… ②余… Ⅲ.①水稻-产业发展-研究报告-江西-2014-2018 Ⅳ.①F326.11

中国版本图书馆 CIP 数据核字（2019）第 195423 号

中国农业出版社出版

地址：北京市朝阳区麦子店街 18 号楼
邮编：100125
责任编辑：廖　宁
版式设计：王　晨　责任校对：吴丽婷
印刷：北京通州皇家印刷厂
版次：2019 年 9 月第 1 版
印次：2019 年 9 月北京第 1 次印刷
发行：新华书店北京发行所
开本：700mm×1000mm　1/16
印张：7
字数：180 千字
定价：36.00 元

主　编　尹建华　余艳锋

副主编　贺国良　付高平　束爱萍

编　者（按姓氏笔画排序）

万　勇　文春燕　尹建华　付高平

兰　波　华育坚　刘木华　刘建萍

刘春平　刘银发　李　胜　李大明

李永辉　李湘民　杨　平　束爱萍

肖叶青　吴延寿　何　虎　余艳锋

邹国兴　张志英　陈春莲　陈雄飞

罗潮州　胡兰香　胡泽生　饶建辉

姚晓云　贺国良　黄永萍　黄庆海

曹丰生　曹国军　康美花　彭从胜

彭东华　彭志勤　彭柳林　曾研华

曾勇军　蔡耀辉　熊运华

江西省水稻产业技术体系
专 家 组 成 员

首席专家　尹建华

岗位专家　尹建华（育种岗位）

　　　　　　蔡耀辉（繁育制种岗位）

　　　　　　曾勇军（栽培与土肥岗位）

　　　　　　李湘民（病虫害防控岗位）

　　　　　　刘木华（机械化与产后处理岗位）

　　　　　　黄庆海（清洁生产与质量控制岗位）

　　　　　　余艳锋（产业经济岗位）

综合试验推广站站长

　　　　　　曹国军（鄱阳湖粮产区综合试验推广站）

　　　　　　华育坚（赣抚平原粮产区综合试验推广站）

　　　　　　胡泽生（吉泰盆地粮产区综合试验推广站）

　　　　　　刘建萍（赣西粮食高产片综合试验推广站）

前　言

　　粮食安全一直是我国关注的重大战略问题。改革开放以来，我国制定颁发了诸多惠农政策，在科技投入不断增加和科技手段不断创新的条件下，粮食生产能力不断增强。水稻是我国第一大粮食作物，是口粮中最主要的消费品种，全国65%以上的人口以稻米为主食。稻米是重要的战略物资、水稻具有不可或缺的基础地位、中国人的饭碗要牢牢端在自己手上已成为国民共识，水稻产业发展关系到国计民生。

　　江西是我国重要的水稻主产区，水稻是江西省种植面积最大的粮食作物。改革开放以来，在系列强农惠农政策的支持下，江西水稻产业迈向提品质、优结构的新局面。产品有效供给能力明显提升，产业体量和实力稳固发展，江西水稻播种面积和总产量基本稳定在340万公顷和2 000万吨上下，稻谷产量从1978年的1 079.5万吨，发展到2017年的2 126.15万吨，年均增长1.75%；人均稻谷占有量也从2000年的0.36吨/人增长到2017年的0.46吨/人，年均增长1.45%，显著高于同期的人口年均增长速度（2000—2017年江西人口自然年均增长率为－1.21%）；绿色大米、有机大米取得新发展，"江西大米"品牌建设成效显著，创建了宜春大米、鄱阳湖大米、万年贡米、永修香米、奉新大米、麻姑大米、井冈山大米7个区域公用品牌和凌继河大米、吉内得大米2个绿色特色品牌，产业发展活力集聚释放，农业科技信息支撑更加有力，稳定了粮食主产省的地位，在确保江西人民口粮安全的同时，也为国家的粮食安全保障贡献了力量。

　　然而，江西水稻产业发展仍不平衡不充分，向现代水稻强省转变尚需时日。一是受口粮消费结构升级、农资价格全面上涨、稻谷最低收购价大幅下调、进口低价粮严重冲击、市场供应宽松、种植收益下降、粮农生产积极性严重受挫等因素影响，稳粮压力加大；二是农业生态和自然环境约束大，农业基础设施薄弱，种植风险上升，粮食综合生产能力提升难度大；三是适宜订单生产的优质稻良种少；四是传统水稻种植技术落后，机械化程度不高；五是三产融合度低，大米品牌不强，产业效益低，等等。现阶段，在粮食供给侧结构性改革和绿色生态文明建设的双重要求下，如何正确处理这些问题，为乡村振兴提供稻作产业兴旺的理论与技术支撑，引导江西水稻产业持续健康发展，成为编者关注的焦点和重点研究方向。

基于此，编者从自然科学和社会科学角度，历经 5 年的调查研究，形成了江西省水稻产业发展报告（2014—2018），在大量搜集、综合整理相关资料数据基础上，系统阐述了 2014—2018 年江西水稻产业发展状况、国内外形势，深究产业发展存在的问题，在科学发展观指导下从技术和政策层面提出解决方案，力促科技创新与政策资源优势转化为经济优势。

编者希望通过本书的出版对江西水稻产业乃至我国水稻产业的良性发展有所裨益，能给关注水稻产业发展的社会各界和政府带来一定的参考价值。当然，水稻领域的探索和研究永无止境，仍需要我们继续加深对未来社会发展中出现新问题的背景和来源进行深入分析，研究符合江西实情的技术创新和政策创新，从而推动江西水稻产业的高质量发展。

本书是在江西省农业农村厅和江西省农业科学院的指导下，依托江西省水稻产业技术体系资金资助完成，在此谨致衷心的感谢！由于水平有限，书中不足之处在所难免，敬请广大读者批评指正。

编　者

2019 年 7 月

目　录

前言

江西省水稻产业发展报告
（2014）

在粮食生产"十连丰"的基础上，江西省委、省政府高度重视粮食生产，始终坚持江西作为国家粮食主产区的地位不动摇，始终坚持江西肩负国家粮食安全的责任不动摇，在加大政策扶持和资金投入的基础上，强化技术推广，确保全年粮食丰收，实现了"十一连丰"。

一、2014 年江西省水稻产业发展状况

2014 年江西省水稻产业表现出以下 5 个特点。

1. 2014 年江西省粮食产量创历史新高

2014 年我国粮食总产量再创粮食生产新辉煌。全国粮食总产量 63 964.83 万吨，比 2013 年增长 1.45%。全国稻谷播种面积为 3 076.51 万公顷，与上年基本持平；稻谷单产为 6 813.21 千克/公顷，比 2013 年增加 95.94 千克/公顷；稻谷总产量为 2.096 亿吨，比 2013 年增加 332.25 万吨。粮食连年丰收。

江西省 2014 年粮食生产创历史新高，粮食总产 428.7 亿斤[①]，比 2013 年增加 5.48 亿斤，增长 1.29%。全年粮食播种面积 5 546.0 万亩[②]，比 2013 年增加 9.7 万亩，增长 0.18%；单产 386.5 千克/亩，比 2013 年提高 4.3 千克/亩，增长 1.1%。全年粮食生产达到了 2014 年初计划的粮食播种面积 5 530 万亩、总产 425.0 亿斤。其中，水稻播种面积 5 009.18 万亩、总产 405.03 亿斤，达到了播种面积 5 000 万亩、总产 405 亿斤的年初目标。

江西省 2014 年早稻比 2013 年略减产，主要是阴雨天多、气温偏低；晚稻比去年略有增产，得益于 2014 年寒露风不明显。

---

① 斤为非法定计量单位，1 斤＝500 克。
② 亩为非法定计量单位，1 亩≈667 平方米。

2014年，江西省全年水稻增产主要靠政策扶持和技术推广力度加大。2014年，江西落实粮食直补、农资综合补贴和良种补贴共计49.97亿元，种粮大户补贴1.5亿元，新增了4 000万元水稻保险补贴，投入39.64亿元资金整合农田水利基础设施建设，建设377万亩高标准农田。在技术推广上，以水稻生产机械化为突破点，江西省重点推进工厂化育秧和标准化育秧，大力开展早稻集中育秧。开展以双季稻全程机械化为重点的技术攻关，大力推广双季双机插、一季稻＋再生稻等高产高效技术模式，鄱阳县鸦鹊湖乡双季双机插百亩示范片均亩产达1 297.4千克，创全国最高水平；安义县、临川区一季稻＋再生稻示范点，一季稻平均亩产550千克、再生稻平均亩产250千克，两季平均亩产突破800千克。

2. 直播稻异军突起

直播稻种植面积已达500万亩以上，且有上升的趋势。直播稻季节类型主要以直播早稻和直播中稻（一季稻）为主。目前，生产上的直播主要是撒直播，机直播少。针对江西水稻直播面积有所上升的现状，江西省农业厅专门印发了江西省水稻双季双直播高产高效集成技术示范方案，为水稻直播提供技术支持。

3."籼改粳"效果明显

在全国粮食连续多年增产和"北粳南移"的背景下，经过6年的协作攻关和精心实施，江西"籼改粳"打下了良好的基础。2014年，江西省农业厅在全省示范推广"籼改粳"20万亩，成新农场和都昌县的一季中粳甬优12百亩示范分别达到了914.5千克和910.03千克的高产，创江西最高产纪录。上高、泰和、鄱阳、吉水4县的双季晚粳平均百亩产量达到了708.81千克，远远超过籼稻产量，其中以上高县甬优538的769.9千克为最高。

4. 超级稻育种和示范推广稳步发展

2014 年，湖南省实现了亩产 1 026.7 千克的新世界纪录，达到 1 000 千克的第四期超级稻目标。

在 2014 年农业部确认的 18 个超级稻品种中，江西占 3 个。至此，江西省共有 10 个超级稻品种（表 1）。

表 1 江西省通过农业部确认的超级稻品种

品种名称	品种类型	确认超级稻年份	选育单位
淦鑫 688	杂交晚稻	2007	江西农业大学
荣优 3 号	杂交早稻	2009	江西农业大学
金优 458	杂交早稻	2009	江西省农业科学院
春光 1 号	杂交早稻	2009	江西省农业科学院
五丰优 T025	杂交晚稻	2010	江西农业大学
新丰优 22	杂交晚稻	2010	江西大众种业
03 优 66	杂交早稻	2011	江西省农业科学院
两优 038	杂交中稻	2014	江西省天涯种业
荣优 225	杂交晚稻	2014	江西省农业科学院
Y 两优 5876	杂交中稻	2014	江西省科源种业

在超级稻高产示范中，除了江西省农业厅组织的农业部超级稻示范推广项目、江西省农业厅开展的一系列"籼改粳"高产示范以外，江西省还有多地组织了超级稻新品种引进示范。2014 年 9 月，袁隆平莅临江西成新农场视察指导超级稻攻关项目，给予高度评价，经江西省组织专家测产，平均亩产达 848 千克。10 月，进贤县籼粳杂交一季稻新品种百亩示范测产超 850 千克/亩。

5. 晚稻早种新模式探索早稻出路

吉水县利用优质晚稻早熟品种做早稻种植，解决早稻品质问题效果明显，还提高了早稻的比较效益。全县采用晚稻早种水稻种植技术模式种植面积约 35 万亩，约占双季连作水稻种植面积的 60%。

在效益方面，通过相同品种或相同粒型的晚稻早种米与晚米配方搭配，效益得到大幅提升。2014 年，早季收购价为 3.1～3.2 元/千克，晚季收购价为 3.32～3.42 元/千克，晚稻早种＋晚稻双季搭配每亩年产值约 3 000 元，比一般的杂交稻双季连作高 300～400 元/亩。

二、江西省水稻产业发展的形势与任务

（一）江西省水稻的地位与特色

作为我国的 13 个粮食主产区之一，江西省耕地面积 4 633 万亩，其中水田面积 3 765.8 万亩，水稻播种面积全国第三，近年稳定在 5 000 万亩以上；总产已达 400 亿斤，居全国第三。江西省每年以占全国 2.3% 的耕地和 3.3% 的人口，生产了占全国 3.5% 的粮食和 9.8% 的稻谷。2014 年，江西省粮食产量再创新高、位居全国第 12 位（前移 1 位），稻谷产量位居全国第三位。江西省水稻贡献大，每年外调粮食 100 亿斤，是中华人民共和国成立以来全国两个从未间断输出商品粮的省份之一。作为中华人民共和国成立以来我国唯一一个不间断对外输出稻谷（米）的水稻生产优势省份，有"鱼米之乡"之称的江西对保障国家粮食安全有着难以逃避的责任。双季稻比例居全国之首，江西是唯一一个以水稻为单一粮食作物的省份（稻谷占粮食总产的 90% 以上），江西粮食总产在全国只排 12～13 位，但基本上都是单一的水稻，全国独一无二，特色最为明显。江西水稻除了贡献大，还有不可取代的地位。在江西谈粮食实际上就是谈水稻，江西是我国水稻生产最典型的区域，也是水稻生产最重要的省份之一。

（二）水稻发展形势

2013 年底，习近平主席说"中国人的饭碗任何时候都要牢牢端在自己手上，我们的饭碗主要要装我们自己的粮"。

在 2012 年"九连增"的同时，我国大米进口量激增至 236 万吨，占全球进口量的 6%，成为全球第二大大米进口国。2014 年，大米进口量上升至 258 万吨，居全球第一。同时，国际粮价大幅回落，美湾大米 2014 年 7 月回落到 581.07 美元/吨，比一年前同比下调10.24%。国际竞争日益激烈，东南亚低成本的廉价大米给我们敲起了警钟。粮食主产区必须要进一步提高单产、改良品质、降低成本。

国际进口大米和走私大米增多，市场上对江西早米需求量减少，江西早稻只能作为国家战略储备粮使用。早稻比晚稻和粳稻更耐储存，有储备粮的优势，但"走独木桥"就没有了发展的机遇。储备粮的亏损，江西省承担一半不合理，做了贡献还要亏钱，需要多方呼吁。

2014 年初，中央农村工作会议强调了粮食自给和质量安全。重金属超标等有毒大米导致南方大米加工产业大退步。这是江西水稻产业的大挑战和大机遇。

近年来，水稻生产技术也出现了新的趋势：一是轻简化，二是机械化，三是模式化、标准化、专业化和生态化，四是智能化。智能化精准栽培技术在发达国家早已盛行。2014 年，江西省农业科学院在余江县指导实施水稻精确化栽培技术，通过全程数字化设计和信息化感知，利用智能技术指导水稻大面积生产，亩增产 30 千克。

（三）水稻产业发展的制约因素

随着社会发展，粮食增产制约因素也在逐步增多，水稻产业面临严峻形势。突出表现在工业化、城镇化步伐加快，农业劳动力大量转移，从事粮食生产的劳动力素质下降，气候不确定性增加，生态环境恶化等，对粮食生产十分不利。

1. 制约江西省水稻产业发展的社会、生态和条件因素

一是单产水平低。主要原因是双季稻生育期短，但总体还是社会发展水平和综合技术的体现。研发集成高效栽培技术，尤其是高成穗率、高结实率的超级稻综合栽培技术意义重大。

二是水稻生产集约化水平不高，比较效益长期偏低。粮食价格涨幅低于成本增幅，种粮比较效益长期偏低，一些地区已出现粮食生产口粮化、兼业化势头，影响未来粮食增产潜力发挥。双季晚稻机插秧品种和技术瓶颈制约了江西省机插稻的发展，研发小型机械适应丘陵山地，对江西水稻机械化普及有重要意义。同时，加强机械化制种研究，降低种子生产成本，有利于提高杂交水稻种植效益。

三是水土资源分布不均。我国水资源约为世界人均占有量的1/4，江西省早稻洪涝和晚稻季节性干旱严重。而土壤资源一直是江西省的主要问题，中低产田约占2/3。开展耐旱、耐低肥和肥料高效等新型水稻新品种选育研究，研发控缓释肥和提高水肥利用率的配套栽培技术，有较强的现实意义。

四是灾害性天气频发。温室效应导致极端性天气增加，粮食生产面临大旱、大涝、大冷、大暖的气候影响，病虫危害加剧。需加强抗逆栽培和病虫害绿色防控与统防统治研究。

五是生态环境约束大。夏季高温逼熟导致早稻品质难以提高。农田掠夺性经营以及化肥长期大量使用，导致耕地质量下降、土壤板结退化、面源污染加重、水环境恶化、有机污染物超标。培育早稻优质品种、加工专用品种，提升米粉、蒸谷米等加工技术和产业开发，研发清洁生产技术，显得比较迫切。

六是农业劳动力素质下降。农村青壮年劳动力大多外出务工，留守的劳动力接受新知识、新技术的能力相对偏弱，制约粮食科技水平的提升。加强技术培训和示范展示是改变现状的简易措施。

七是农业基础设施薄弱，抗灾能力弱，粮食单产不稳定。江西省病险水库多，蓄水能力不强，灌排设施老化失修、水资源利用率低，抗御自然灾害能力差。江西省农田有效灌溉比例不低，却从未摆脱靠天吃饭的局面。需加强基础设施建设、培育耐旱型晚稻新品种、研究抗早衰配套栽培技术。

八是籼稻市场国际竞争压力大。籼改粳值得重点研究，江西省属于高温地区，尤其要重视早籼晚粳模式的试验示范。

九是稻作产品附加值低。江西省大米加工企业多，但龙头企业的高端优质米精深加工能力不足。加强稻谷质量控制和产后处理研究，研发稻米加工配套技术，有利于提高稻作附加值。

2. 制约江西省水稻生产和产业发展的技术因素

一是综合配套技术研发和集成能力不强、科研投入和生产投入少，影响单产水平的提高。

二是缺乏与生产方式变化相适应的品种和配套技术。目前，尚无机插和直播专用稻品种，双季晚稻的机插技术尚不成熟。

三是总体科技创新能力不强。新型农药和新型肥料研发能力差，水肥利用率不高，分子育种技术体系构建不健全，资源发掘创新能力亟待提高，自育品种覆盖率低，改革开放后的育种成就与区位优势不符。

四是特优一级米品种少。尤其是早稻一级米极少，功能稻、专用稻品种少，肥料高效型和耐旱抗早衰品种少，难以适应社会快速发展、生态环境变劣和异常气候频繁等生产条件变化对品种的要求。

五是先进的栽培技术推广普及程度不高。超级稻试点和新技术示范产量都很高，但江西省平均单产低，要解决技术推广"最后一公里"的问题。

（四）存在的主要问题

江西水稻具有不可取代的地位和区位优势，但作为传统产业依旧存在不少问题，主要包括单产低、成本高、比较效益低、名牌优质大米少、机械化水平低等，尤其是稻米特别是早稻的流通安全成为国际贸易新形势下的新问题。

1. 市场流通安全或成为制约江西省水稻产业持续发展的重大不利因素

水稻产业在公认存在的粮食安全、质量安全和生态安全尚未得到良好解决和控制的情况下，最近又出现了贸易安全和市场流通问题。2012 年，我国大米进口速增并成为全球第二大大米进口国，肩负着保障国家粮食安全重任的江西省备受冲击。随着国外大米的涌入，国内外大米价格倒挂，企业多愿以进口大米代替国产大米。国外廉价大米占据部分省份 40％的市场份额，给江西省稳定粮食生产带来巨大压力。

长期以来，我国大米一直自给自足。如今却成为全球第二大大米进口国，原来进口的多是高档米，现在却是中低档米进口更多。让人担忧中国大米是否会重蹈大豆的覆辙，从而影响到未来的粮食安全。近期国内粮价高于国际粮价的局面很难扭转，虽然我国大米供给在短期内也不会出现严重的紧缺状况，但大幅增加的进口量需引起政府的高度关注。

2. 江西省早稻优势明显但面临严峻挑战，大米加工业备受煎熬

在全国 8 000 多万亩早稻中，江西省早稻面积常年保持在 2 000 万亩左右，不到 1/4 的面积，早稻收购量历年占全国早稻收购量的

1/3 以上，早稻收购量一直居全国首位（表2），2013 年达到超过 2/3
的高峰。

表2　2011—2014 年江西省早稻收购量

年份	2011 年	2012 年	2013 年	2014 年
早稻收购量（亿斤）	46.79	46.5	73.7	42.9
全国比例	占全国收购总量的38%	占全国收购总量的近1/3	占全国收购总量的2/3	占全国托市早稻收购总量的50.5%
位次	居全国首位	居全国首位	居全国首位	居全国首位

2014 年，江西省早稻仍然保持 11 个早籼稻省份的第二位，仅次
于湖南。早稻播种面积 139.46 万公顷，比 2013 年少 0.31 万公顷；
单产 5 880.5 千克/公顷，比 2013 年减 43.6 千克/公顷，早稻单产与
湖南的 5 881.5 千克/公顷接近，低于福建和浙江，高于安徽、湖北
和广东；总产 820.1 万吨，仅次于湖南，比 2013 年减 7.9 万吨，仍
属历史第二高年份。

然而，江西省的早稻优势面临严峻形势，优势将变成负担。国
外低成本廉价大米冲击国内市场，特别是边境贸易和走私大米价格
远低于国际贸易价格，严重影响粮食主产区的大米销售和粮食战略
安全。

国内外形势导致南方大米加工业备受煎熬。江西省销往广东省的
大米正被走私大米取代，大米加工业举步维艰。传统产业如果失去外
销市场，其后果可想而知。

江西省有 2 003 家大米加工企业、7 000 多家大米加工厂。江西省
仅有南昌县、高安市两地大米加工企业突破百个，分别为 110 个和
102 个。

据了解，南昌县的大米加工厂 2014 年已有近一半关门，都是因为丢失了加工大米直销广东省的饭碗，一些大型加工企业也是减产维持，大米外调大幅减少，转为内销为主。2012 年以前，大米加工企业都是主动上门去收粮，现在大部分粮食都是靠国有粮站按保护价收购，仅有少部分企业对优质稻进行订单收购。

3. 晚稻机插秧难题亟待破解

机插秧存在的主要问题是：漏兜率高且伤秧、行距太宽、只适宜小苗机插、生育期延长 7 天左右、机插成本偏高、专用品种少。国内在一季稻区推广面积较大，而双季稻区由于生育期限制推广难度大，尤其是晚稻机插秧龄短，只能选择早熟品种，难以高产。

江西省目前双季稻生产的主要环节机械化水均低于全国平均，尤其是机插秧率仅为 13%，只有全国的一半。机插秧已成为制约江西省水稻生产机械化的主要瓶颈。

2014 年，江西省出台了《加快推进农业机械化和农机工业发展的实施意见》，水稻耕种收综合机械化水平达到 2015 年 70%，到 2020 年提高到 75% 以上。

为了适应南方水稻机械化种植要求，目前，扬州大学、江西农业大学等单位正致力研究变行距或不同行距的插秧机。

鄱阳县通过精确定量技术提高有效穗，创全国机插双季稻高产纪录。江西省在鄱阳、上高等 6 个县实施了"双还双减、双季机插、绿色防控"技术集成示范，破解晚稻机插难题初见端倪，但任务依旧很重。

（五）重点任务

刚结束的中央经济工作会议和农村工作会议，提出了 2015 年农业的具体任务。结合江西形势，围绕江西省新增百亿斤粮的规划目标，依托技术体系，开展协同创新，实现良种、良法、良田、良态、良效的"五良"目标，全面提升江西水稻生产水平、产品品质和市场竞争能力。为粮食安全、质量安全、生态安全和贸易安全提供技术支撑。

第一，要进一步挖掘增产潜力，提高水稻单产。提高单产是永恒的主题，是保障国家粮食安全的重要任务和基本要求。

第二，加强种质创新和育种。改良稻米品质尤其是早稻品质、直播专用稻和机插专用稻品种选育、超级稻育种、低镉积累和生物技术利用等方面的研究将为产业发展提供技术支撑。这是适应国际形势和适应新常态的要求。

第三，重视绿色栽培和清洁生产。结合江西省农业面源污染情况，分片区建立"环境保洁-生产清洁-物质循环-高产优质-持续安全"的水稻清洁生产一体化模式。通过清洁生产维护生态安全和产品质量安全，增强高档优质大米的研发能力和产业化技术水平。这是可持续发展和产出高效、产品安全、资源节约、环境友好的现代农业发展道路的重要技术途径。

第四，抓住机遇争创优质品牌。优质大米品牌整合是江西水稻产业技术发展的当务之急，做得好则有大机遇；否则，难以解决好市场流通安全问题，江西水稻产业难以做强。

第五，提高农机化水平，重点突破晚稻机插秧。这是实现农业现代化的重点任务之一。

第六，坚持双季稻特色，探索新的种植模式。包括晚稻早种、双季直播、双季机插、早籼晚粳、再生稻等。这是转变生产方式的新要求。

第七，加强技能培训和技术推广。这是落实中央经济工作会议要求、造就适应现代农业发展的高素质职业农民队伍的重要举措。

三、促进江西省水稻产业发展的建议

粮食是战略物资，关系到社会稳定。新形势下，需要用国际视野来审视水稻产业，在政策上要向主产区倾斜，技术上要强调机械化、轻型化、优质化、生态化。

2014 年全国农村工作会议强调转方式、调结构，加快推进农业现代化。转方式的重点是推动农业发展由数量增长为主真正转到数量质量效益并重上来；由依靠资源和物质投入真正转到依靠科技进步和提高劳动者素质上来。调结构要求在提高粮食产能的基础上，更加注重农产品质量安全，确保"舌尖上的安全"。

江西省水稻产业技术体系根据江西水稻产业发展现状，结合中央精神和国内外形势，提出以下产业发展对策和建议。

（一）坚持"两个确保"，落实各项惠农政策

1. 坚持"两个确保"不动摇

"两个确保"体现了江西省对抓粮食生产的决心、信心和责任感。这是粮食安全战略的要求。从长远来看，稳定增产是一个重大课题，要挖掘粮食生产新潜力；近期，则需要加快转变水稻发展方式、优化水稻种植结构。

2. 争取粮食主产区储备粮补贴政策

江西省每年要花费巨资为国家储备大量战略储备粮。2013 年，江西省早稻最低收购价 1.32 元/斤，实际收购时扣除水分杂质，收购价为 1.29 元/斤左右，主要作为储备粮。据 2014 年 7 月初江西粮食调运会定价，早稻清仓价为 1.15 元/斤，每斤亏损 0.14 元。按 2013 年收购早稻 73.7 亿斤计算，共亏损 10.3 亿元，其中国家承担一半、

省财政承担一半，江西要承担早稻亏损 5 亿多元。需要积极向国家争取储备粮补贴政策。同时，也要进一步重视粮库建设，还应该允许民营企业承担储备粮任务。

3. 种粮扶持政策应向大户和新农业经营主体倾斜

农民种粮的各种补贴为每亩 188 元，但承包土地的大户得不到，种粮补贴和农资综合补贴成了"耕地补贴"。原有的每亩 16 元种粮大户补贴也已取消，目前田租涨至 500～600 元/亩，2013 年改为项目支持。应加大这种支持和种粮大户贷款贴息。

4. 高度重视粮食贸易安全和市场流通安全

要高度重视国内国际两个市场对江西水稻产业的影响。走私大米已成粮食安全战略隐患，或成为制约江西水稻产业持续发展的重大不利因素，建议国家加大打击大米走私力度，保护粮食主产区利益。

据统计，2013 年全国海关查获大米走私案件 218 起。2014 年 9 月，广西破获 4 起越南大米走私大案，打掉中越边境 10 个走私团伙，涉案大米 4.87 万吨，总案值 2.9 亿元，涉嫌偷逃税 1.21 亿元。虽然国家加大了打击大米走私的力度，但从广东对江西大米的需求减少和江西省内很多大米加工厂减产或关门的现状来看，打击力度还远远不够。

在江西省内，农业部门与粮食部门要通力协作配合，建立种粮大户和农村合作社组织生产档案，严禁以各种不正当理由降价收购，切实保护农民利益；同时，严控外省早稻像 2013 年那样大量流入江西。谨防江西省早稻优势变负担。

（二）转方式

1. 宣传推广"晚稻早种"等新模式

在种植方式上，吉水县优质稻晚稻早种新模式值得宣传推广，利于解决早稻品质问题，提高种粮比较效益和加工效益。其他值得推广的种植模式还有双季双抛秧、双季机插、一季＋再生等。值得关注的新方式是双季直播。

2. 积极发展再生稻的新模式

2014年，江西省再生稻种植面积达15万亩，比2013年增加5万亩，再生稻总产约3.4万吨（0.68亿斤）。2014年，所有的再生稻示范都很成功，主要是因为8月没有高温天气。

江西省再生稻面积一直上不去，主要因为江西是夏季温度最高的省份，用长生育期的品种作再生稻，头季结实率受高温影响，产量不高。

发展再生稻不宜占用双季稻面积，主要在一季稻区示范推广才有意义。可用生育期不是太长的晚稻中迟熟组合在清明前后播种，头季稻7月上旬抽穗。即采用晚稻早种＋再生稻新模式，避开高温。改变目前采用中稻组合再生的风险做法。

3. 加强优质早稻育种研究

进一步改良稻米品质尤其是早稻品质，是适应新常态的要求。

农业部门和科技部门应建议国家对粮食主产区的重大问题和重要需求组织倾斜性立项或配套支持地方自主立项。

国内大米质量安全问题一出来，农业部就组织湖南对重金属进行攻关研究，计划投资10多个亿。江西应该重点改良早稻品质，这是一件非常有现实意义的事情，值得借机向国家争取重大攻关立项。

（三）调结构

1. 提高粮食产能，挖掘粮食生产新潜力

要进一步挖掘增产潜力，提高水稻单产。在加强农业设施建设的

基础上，积极推广超级稻、籼改粳、再生稻等措施和技术，有效提高产量水平。

2. 重视"籼改粳"，重点发展早籼晚粳模式

国际籼米市场竞争日益激烈，推广早籼晚粳种植模式，适当发展粳稻可调剂江西大米销售出路。虽然北方粳稻大发展出现了大量压库的现象，但对江西省适当发展粳稻不会有什么冲击。

江苏是较早实现"籼改粳"乃至"粳稻化"的南方省份。20世纪80年代，江苏籼稻比例占到85％以上；但到90年代，粳稻产量达到甚至超过当时的杂交籼稻，而且粳稻谷价格高，是当时经济效益最好的粮食作物。至2002年，粳稻种植面积已占江苏水稻总面积的83％，成为当时全国第一大粳稻生产省。近年来，南方稻区粳稻引种与育种成为研究的热点。

2010年农业部明确指出：确保粮食安全的核心是口粮，口粮供给的重点是稻米，稻米供给的关键是粳稻。2012年，国家发改委和农业部出台了《全国粳稻生产发展规划（2011—2015年）》，"籼改粳"是继"高改矮""常改杂"之后水稻的又一次重大生产技术变革。

江西省曾大面积推广种植"农垦58"等粳稻品种，后因稻瘟病严重、不易脱粒、南方人习惯食用籼米等原因停止推广。如今，这些主要问题都已得到较好的解决。

粳稻具有耐冷、根系发达不早衰、抗倒伏等优势，适宜解决江西晚稻早衰问题、寒露风问题、倒伏问题。

江西"籼改粳"还有一个最大的好处是解决稻米市场销路问题。江西曾经因为江苏的"籼改粳"和上海人的口味变化在20世纪90年代失去了上海市场，现在广东的市场正被国外廉价大米挤占，江西大米变成储备粮的可能性在增大。粳米品质相对籼米柔软、口感好，而且出米率和整精米率也比籼稻高5～10个百分点，一般情况下粳稻谷收购价较同期籼稻谷高 15％～20％，比较效益突出。发展粳稻有利于科学配置江西大米的销售。

"籼改粳"的另一个潜在优势就是利于缓解镉毒大米的问题。粳稻相对于籼稻一般镉积累较少。虽然江西镉毒大米的报道不多，但江西矿产资源丰富，面源污染严重，矿区、厂区、湖区的重金属含量超标是不容忽视的问题。

江西"籼改粳"进展喜人，但也还存在不少问题：一是目前示范推广的主要是生育期长的一季中粳。二是品种少且来源于外省，种源不足。三是稻曲病严重。四是中粳品质较差。五是灌浆期长、要求水源充足。六是需肥量大。七是目前还没有全面系统的研究。

江西省"籼改粳"的对策：一要加快引进推广和品种审定。二要重点发展早籼晚粳模式。三要做好示范推广区域规划。四要重视粳稻育种。五要开展常规粳稻的引进和试种，解决"籼改粳"种源问题。六要加强粳稻栽培技术研究和集成示范。七要积极开展技术培训。

(四) 夯基础

1. 加大农业基础设施建设投入

标准化良田和水利设施是农业高产稳产的最有效保障。通过标准化良田建设可以大幅增强生产力，提高单产。而加大病险水库维修力度有利于稳产。

2. 加强农民技能培训

劳动技能是农业生产的重要基础。转变生产方式要依靠提高劳动者素质，要加强农民的技能培训，打造高素质现代农业生产经营者队伍，实现水稻产业的专业化。

（五）落实生态立省战略

1. 加强水稻清洁生产技术的研究集成和技术示范

全国农业工作会议要求围绕"一控两减三基本"目标，治理农业面源污染。即农用水总量控制，化肥、农药施用总量减少，地膜、秸秆、畜禽粪便基本资源化利用。更加注重农产品质量安全。江西省应把清洁生产作为持续发展的技术依托，积极开展水稻清洁生产技术的研究集成与示范。

2. 重视舌尖上的安全

重视稻田重金属超标问题，构建江西省水稻标准化生产技术体系。积极开展农产品质量安全县创建活动，建立健全农产品质量监测体系，努力提升农产品质量安全水平。

（六）强化科技支撑

1. 加强种质创新和适应新型种植方式的育种研究

加强直播、机插、优质、肥料高效利用、耐旱、低镉积累等种质创新。重点培育优质早稻、直播专用稻和机插专用稻新品种。

2. 关注水稻直播

轻简化栽培技术已经成为主流栽培技术，直播正在快速发展。农民对直播的需求很迫切。所以，直播实际上是一种不可阻挡的趋势，大有挑战机插秧的势头。

这两年早稻播种天气好，直播产量高，来年直播面积有扩大趋势，且双季直播面积也会扩大。生产上需要密切注意直播的风险。

直播用种量大，能较好地解决有效穗问题，在中低产区能显著提高产量，其前提是出苗好。虽然直播存在难保全苗、易倒伏等问题，但成本低。然而，目前政府还不倡导直播，原因有三：一是早稻直播有倒春寒烂秧的风险，直播以后气温降低而田块不平，易导致缺苗；二是直播水稻根系浅，易引起倒伏，特别是一季稻产量高，更易倒伏；三是草害鼠害相对严重；四是直播用种量大，农民直播往往使用常规稻品种，不利于稳定总产。

解决这一问题的方案：一是试验发展机直播。二是培育耐低温和具有厌氧发芽（淹水状态下能长芽）特性的适宜撒直播的新品种。东乡野生稻就具有这两方面的基因。东乡野生稻的耐冷性是公认的，最近，江西省农业科学院水稻所又发现了它的厌氧发芽特性。利用东乡野生稻的这两个特性开展了种质创新研究，对培育直播专用稻品种有重大意义，特别是在早稻上应用前景非常好，值得重点立项支持。

3. 研发新型栽培技术模式、规程和标准

研发和修订双季稻机插高产栽培技术、双机直播栽培技术、超级稻高产栽培技术、绿色大米生产技术等模式、规程或标准。

4. 研发杂交水稻制种的轻型栽培技术

积极推广直播、抛秧、机插等轻型制种技术，极力降低杂交稻降低种子生产成本。在良种繁育方面，要稳定南繁制种产业。争取国家政策扶持，严把种子质量关，保证杂交稻推广面积。

（七）以机械化和智能化为抓手推进农业现代化

1. 制定促进水稻机械化生产的相关政策制度

加大对集中育秧、购买农机等的补贴力度。引导和加快稻田有序流转，促进水稻规模化种植。

2. 主攻晚稻机插技术难题

通过农机与农艺融合，切实解决机插秧存在的问题。主攻晚稻机

插高产栽培技术，将能大大提高整体机械化水平。预计未来 5 年内机械化水平会大幅提高。

在机械化技术方面，还要开展低耗能、标准化、系列化、智能化的稻田耕整机械化研究，加强水稻耕整机械质量监督。在有条件的地区推广激光平地机，制定科学合理的耕整作业标准和规范。加强适合双季稻生产的插秧机研发，研究变行距插秧机技术。

3. 努力提高机械化植保技术和植保机械装备水平

植保机械化是农业机械化的重要内容，也是病虫害防治的发展方向。要积极研发机械化植保技术，努力提高植保机械装备水平。加强病虫害预警的自动化技术及防控关键技术研究与示范推广；高度重视粳稻品种的稻曲病防治；大力推进专业化统防统治和病虫害绿色防控技术。

4. 研究示范水稻智能化生产技术

栽培技术方面，要大力示范推广水稻智能化精确化栽培技术。一是水稻智能化育秧技术，集工厂化、智能化、规模化为一体。二是智能化栽培技术，利用计算机技术开展水稻精确化栽培和育种技术信息平台研究，建立水稻育种和栽培管理多媒体专家系统。

（八）促进产业升级

1. 重点扶持优势粮食加工企业创建优质品牌

加大高档优质米的开发力度，提高江西大米的整体市场竞争力和影响力。江西的大米加工企业很多，但缺乏像湖南金健米业那样的高档优质品牌。目前，广东减少了对江西大米的需求，应借机对粮食加工企业进行品牌整合。

2. 研发稻米精深加工技术

一是加强机械加工技术研究和碾米稻谷水分控制。二是加强碎米综合利用、油糠综合利用、粗糠综合利用等稻谷综合利用技术研究和引进吸收。三是加强江西米粉和蒸谷米的开发。

（九）强化组织保障措施

1. 加强产业技术体系建设

目前，江西省水稻产业技术体系规模太小，没有设立种质创新岗位，种质创新是育种突破的前提；也没有设立产业经济与政策岗位，国际竞争日益激烈，有必要用经济学思想和理念来审视和指导产业发展。机械化与产后处理岗位应分为两个岗位。产业技术体系还要吸收一些优势企业参与。

2. 组建产业科技创新联盟

高水平成果离不开大协作、大攻关，跨学科联合攻关的创新联盟势在必行。需要在产业技术体系建设的基础上，组建产业科技创新联盟，把科研单位和企业有机结合起来，瞄准生产问题和产业需求开展联合攻关，依靠科研单位带动企业的科技进步。

3. 大力扶持农民专业合作社组织

农民专业合作社和农村经济互助合作组织已成为农业产业化的主体形式。2013年，江西省出台的《加快构建新型农业经营体系的意见》明确要求，加快发展农民合作社等农业经营主体。要大力扶持农民专业合作社，培育专业合作社和各类专业协会等农民新型合作组织，使之成为引领农民参与国内外市场竞争的现代农业经营组织。

江西省水稻产业发展报告
（2015）

一、2015 年江西省水稻产业发展的主要特点

1. 2015 年江西省粮食生产再获丰收

据国家统计局江西调查总队提供的数据，2015 年江西省粮食播种面积 5 558.4 万亩，比 2014 年增加 12.4 万亩，主要是部分棉地改种了粮食作物。2015 年江西省粮食总产 429.74 亿斤，基本保持稳定，比去年略增 1.04 亿斤。水稻播种面积 5 100.3 万亩，总产 405.44 亿斤，较 2014 年略增 0.41 亿斤。江西省粮食总产再创历史新高，全年粮食总产完成了 420 亿斤以上的目标任务。

2015 年，江西省夏粮面积 114.3 万亩，产量 3.44 亿斤，增 1.48 亿斤；早稻面积 2087.25 万亩，产量 162.38 亿斤，虽比 2014 年减 1.64 亿斤，但仍为历史第三高产年。秋粮是江西省全年粮食生产的重头。2015 年，秋粮生产期间，雨水充足，无明显高温干旱，灾害影响较小，但病虫害偏重发生。2015 年江西省秋粮面积 3 356.7 万亩，减 2.7 万亩；产量 263.94 亿斤，增 1.22 亿斤。其中，中稻及一季晚稻面积 599.85 万亩、增 8.1 万亩，产量 55.82 亿斤、增 1.32 亿斤；双季晚稻面积 2 326.5 万亩、增 0.9 万亩；产量 187.24 亿斤、增 0.72 亿斤；秋收旱粮面积 456.99 万亩、增 14.82 万亩；产量 22.52 亿斤、增 0.82 亿斤。

江西省粮食生产实现"十二连丰"，主要依靠政策扶持和技术创新。

一是依靠政策扶持和引导、实现"绿色"增收。2015 年，实行粮食省长负责制，加强了粮食生产能力建设。最低收购价政策支撑，使粮农收入相对有保障。加上土地流转的加快推进，粮农经营规模不断增大，利于农业科技的应用和推广，利于稻谷单产不断提高。具体

来说，江西省贯彻全国经济工作会议"加快转变生产方式、调整结构"的精神，落实全国农业工作会议要求"一控两减三基本"目标，2015年制定了"稳粮增收、提质增效、深化改革、创新驱动"的粮食工作政策，提出了"四控一减"提质增效试点行动工作方案，通过提高技术含量，促粮食"绿色"增收，实现农业生产的经济、社会、生态效益同步提高。2015年，水稻增产仍然依靠政策扶持和技术推广力度加大。2015年，江西省下达涉农基本建设资金40亿元；下达种粮大户补贴试点项目资金1.5亿元，补贴惠及全省89个县、3 087户种粮大户；落实粮食直补、农资综合补贴、良种补贴资金、农机补贴资金等49.45亿元。基础设施建设方面，大力推进高标准农田建设，建设高标准农田370万亩。

二是通过技术和模式创新、提高粮食生产技术水平。技术推广方面，大力推进水稻集中育秧，落实早稻集中育秧面积15.3万亩，确保了400万亩左右的大田栽插。大力推进高产创建和绿色增产模式攻关。江西省共落实粮棉油高产创建万亩示范片485个，其中水稻高产创建万亩示范片436个；落实百亩绿色增产模式攻关示范片471个。推广水稻双季双机插模式667万亩，一季稻＋再生稻模式15万亩，"三控"（控土壤酸化、控地力下降、控化肥用量）施肥技术700万亩，超级稻1 100多万亩，全省水稻机械化水平达67.1%，主推技术基本实现县县覆盖。

在技术服务方面，首创良种联合推介平台、微信服务平台，解决了农业气象服务"最后一公里"的问题。针对4月上旬"倒春寒"、5～6月暴雨及7月以来的多次台风等不利天气，有关部门及时组织专家会商应对措施，同时加强水稻病虫监测预警，大力推进统防统治，有效遏制了稻瘟病、稻飞虱等重大病虫害暴发成灾的势头，实现了"虫口夺粮"。

在技术创新方面，围绕调结构、转方式、轻简化、稳粮增收、提质增效，分别开展了早籼晚粳栽培技术模式、双季机插稻高产栽培技术、双季直播、中稻＋再生稻、晚稻早种等多种栽培技术模式。

2. 机插秧技术取得新突破

与其他省份相比，江西省粮食生产综合机械化水平仍然偏低，特别是水稻机械栽插方面，存在适合江西省粮食生产的机插装备研发能力不强、配套农艺技术缺乏等突出问题。据江西省农机局的统计，目前江西省机插稻种植面积已达 400 万亩左右，江西省水稻机械化水平达 67.1%。

江西省围绕双季机插稻农机与农艺融合，先后开展了双季杂交稻育秧技术研究、简化淤泥育秧技术研究、机插育秧专用营养制剂筛选研究、不同行距插秧机机插试验对比、水稻钵育摆栽机插秧技术对比试验等多项试验研究，取得了显著成效。一是研究确定并大力推广了窄行距插秧机（行距为 25 厘米，俗称 7 寸机），保证了基本苗，促进了产量的提高；二是针对机插育秧条件下取土难、壮苗难的问题，研制了一种以稻草为原料的水稻育秧基质；三是研究探明了机插稻的适宜生育期、品种特性要求和壮秧指标；四是提出了"早籼晚粳双季机插栽培技术模式"，利用晚粳稻后期较耐低温的特点充分利用 10 月下旬至 11 月上旬的光温资源，推动了双季机插稻产量的持续提高。五是研究集成了双季稻全程机械化生产技术体系，出版了《江西双季机插稻丰产高效栽培技术模式图（早晚稻）》，并在江西上高、鄱阳建立了百亩高产示范区，2014 年和 2015 年在鄱阳县鸦鹊湖乡连续创造了双季亩产 1 297.4 千克和 1 335.2 千克的高产纪录（《江西日报》头版进行了报道）。这些技术的研究与应用，极大地促进了江西省机插稻生产的发展。

3. 早籼晚粳模式展现新前景

江西及"两广"这些传统的双季籼稻主产区晚稻季温光资源充沛，且晚籼稻收割后大部分田块是空茬田，这种种植制度不仅浪费土地资源而且未能充分利用温光资源。同时，晚稻季常遭遇"寒露风"灾害天气影响，导致晚籼稻不能高产、稳产。粳稻作为喜温耐凉的水稻亚种，在秋季环境条件下不仅利于其灌浆充实创造高产，同时昼夜温差大的气候条件也利于粳稻优良品质的形成。江西省自 2009 年以来开始探索粳稻种植，随后提出了"早籼晚粳"的发展思路。粳稻灌浆期比籼稻长 15 天以上，据本体系试验，粳稻灌浆期每延长 1 天可增产 5 千克左右。种植晚粳，可将江西省水稻生产季节向后延长 15～20 天，且大幅提高单产，是调整种植结构和稳粮增收的有效技术途径。

近年来，江西省农业技术推广总站、江西省水稻产业技术体系等单位和组织围绕早籼晚粳技术模式的品种搭配、晚粳稻品种选择、晚粳稻早发技术、晚粳稻提高籽粒充实度技术等进行了全方位的研究，建立了以秸秆全量还田、种植绿肥、精确管理、综合防治病虫草害为主要内容的配套应用技术，集成构建出了早籼晚粳高产高效生产新模式，打破了双季籼稻单产始终在 1 000～1 100 千克徘徊的现状，并在上高县得到了有效推广应用，创造了早籼晚粳双季平均亩产达 1 369.3 千克（百亩示范片）的纪录。2015 年，鄱阳县饶丰镇红土山百亩"籼改粳"核心示范区中稻平均亩产达到 922.5 千克。

江西早籼晚粳栽培技术模式的提出在全国产生了较大影响。2015 年，全国农业技术推广服务中心在江西上高召开了现场会，来自湖南、安徽、湖北、重庆、福建等省份的 120 多名农业部门领导、农技专家及技术人员给予充分肯定。中国工程院院士、沈阳农业大学陈温福教授等全国知名粳稻专家在参观考察了上高县大面积二晚粳稻生产现场后评价说，上高县早籼晚粳高产高效稻作种植模式管理水平堪称全国一流，值得大面积推广。目前，江西省粳稻种植面积已达 40 多万亩。因地制宜推进"籼改粳"，已成为稳粮增收提质增效的新途径，践行"藏粮于技"战略的新举措，为南方地区粮食品种结构调整探索了新路子。

4. 直播稻已成为不可忽视的轻简化栽培技术

随着人口红利的减少，劳力成本不断上升，直播作为最简单的栽培方式越来越受农户青睐。近年来，江西和周边省份直播稻面积逐渐扩大，尤其是城市周边区域早稻直播面积大。以南昌县为例，全县 2015 年水稻种植面积 193 万亩，直播面积 32 万亩，直播稻面积比达 16.58％，其中早稻 89 万亩中就有 30 万亩直播稻，占早稻的 1/3。根据赣抚平原粮产区综合试验推广站的调查，2015 年抚州市水稻种植面积 588.79 万亩，其中撒直播 47.86 万亩、机直播 0.60 万亩，直播稻面积占比为 8.23％。

针对江西省水稻直播面积有所上升的现状，江西省农业厅 2014 年专门印发了江西省水稻双季双直播高产高效集成技术示范方案，为水稻直播提供技术支持。2015 年 5 月，江西省种子管理局在南昌举办早稻翻秋直播试验技术培训班。针对直播稻的技术服务对稳定生产起了一定的作用。

5. 晚稻早种技术模式受到关注

随着国内外粮价差距拉大，国内粮食库存严重，尤其是稻米品质差的早籼稻已经没有了食用加工的利润空间。江西早稻出路何在？在优质早稻育种没有大的突破之前，只能利用优质晚稻早熟品种作早稻种植，在 7 月下旬收获后抢种晚稻，走"曲线救国"之路改良早稻品质，提高早稻市场竞争力，因此，"晚稻早种"模式有重大现实意义。

近年来，吉水县约 80％面积的早晚稻均种植优质晚稻早熟品种软粘，加工企业优质优价收购，农户每亩增收 300 元以上。2015 年，千亩示范经专家测产，早季亩产 507.1 千克，晚季亩产 526.78 千克，双季亩产 1 033.88 千克。在南城、金溪、永修、南昌等地试验筛选出了杂交晚稻优质早熟组合泰优 398 等品种作早稻种植可实现优质高产。

6. 再生稻技术潜力大

近年来，江西省积极推广一季稻＋再生稻模式，在保证头季稳产的同时，增加了一季再生稻产量，成为中稻增产的有益补充。据调查，2015 年江西省再生稻面积 31.02 万亩，比 2014 年增加 17.37 万亩；以再生稻平均亩 200 千克计算，2015 年江西省再生稻产量达 6.2 万吨，比 2014 年增加 3.46 万吨。2015 年 11 月 2 日，江西省农业厅组织专家对江西省水稻产业技术体系在武宁县澧溪镇下坊村组织实施的头季机收再生稻现场测产，亩产 359 千克，达到了我国头茬机割再生稻产量的较高水平（《江西日报》2 版头条报道）。

7. 育种技术水平不断提高

继 2014 年江西省 Y 两优 5867、两优 038、荣优 225 三个品种被农业部确认为超级稻后，在 2015 年农业部确认 11 个超级稻品种中，江西现代种业选育的两系杂交晚稻深两优 1029 榜上有名，至此，江西省共有 11 个超级稻品种。

2015 年，江西省水稻产业技术体系专家育成的五优航 1573、吉优 225 两个组合，经农业部专家测产，达到了连续两年的超级稻百亩示范产量指标，2016 年将申报超级稻。

值得一提的是，2015 年江西科源种业以 800 万元的价格将深两优 862 转让给江苏明天种业。之后，江西天涯种业又以 1 000 万元的高价将杂交中稻深两优9310转让给江苏中江种业。

近年来，江西省杂交晚稻品质改良也取得了较好效果，但早稻优质化育种仍有待提高。

8. 减肥减药与清洁生产技术备受重视

随着2015年中央农村工作会议召开和2015年中央1号文件发布，"化肥减量提效、农药减量控害"逐步提升为国家战略。而江西省也在9月2日发布了《江西省"四控一减"提质增效试点行动工作方案》，为江西省开展化肥减量增效、农药减量控害技术研究与应用示范奠定了良好的基础。

水稻作为江西省种植面积最大的粮食作物，在种植过程中长期存在化肥农药投入量偏大、利用效率低、环境污染风险高等问题，也是减肥减药战略的主要目标对象之一，因而，水稻减肥减药与清洁生产技术的研究与应用也备受关注。

2015年，在国家和江西省相关政策的促进下，江西省水稻化肥减量增效和农药减量控毒等水稻清洁生产技术的研究和应用逐渐兴盛，并取得了一些阶段性成果。江西省水稻产业技术体系专家带领江西省红壤研究所"四控一减"促农田提质增效，构建了一批化肥减量增效和污染物阻断减毒技术模式，并在江西省主要的水稻产区进行了示范应用。在化肥减量15%的情况下，通过配施有机肥、缓释肥、脲酶抑制剂等技术可以保证不减产，双季稻产量均可维持在1 000千克/亩以上，可以满足高产的要求。而通过配施碱性改良剂、增氧剂等可以有效降低土壤重金属离子的活性和毒性，保证了粮食质量安全。在永修县、进贤县和南昌县示范应用的6 000亩稻田现场测产，在"四控一减"提质增效试点后，示范区双季稻产量均在每亩950千克以上，配施有机肥示范区双季稻产量达到了1 054千克/亩，保证了高产。

江西推广"三控"（控土壤酸化、控地力下降、控化肥用量）施肥技术 700 万亩，农药零增长稻田面积、有机肥使用比例逐年上升，在保证粮食产量稳中有增的同时，大大提高了粮食生产的质量。

此外，秸秆还田也是水稻清洁生产的重要技术之一，近年来，江西省双季稻秸秆还田的比例逐年升高，带动了水稻秸秆的循环利用，增加了有机肥的投入，对保持和提升水稻土的肥力水平有重要的促进作用。

总体来看，江西省水稻生产过程中以减肥和减毒为核心的清洁生产技术已呈现了良好的发展态势。在国家和江西省的政策推动下，江西省水稻清洁生产技术有望在未来得到更广泛的应用，也将带动江西省水稻种植水平的快速提升。

二、国内外水稻发展形势与江西省水稻产业存在的问题分析

新常态下，水稻产业的发展需要国际视野。党的十八大以来尤其是 2015 年国内外社会经济发展形势和稻米市场风云变幻，给 2016 年和"十三五"水稻产业的发展带来诸多悬念。

1. 我国粮食缺口加大、大米进口创历史新高

农业部部长韩长赋指出，据专家预测，到 2020 年我国粮食需求大约为 14 000 亿斤，还有 2 000 亿斤左右的缺口。要把稳步提升粮食产能作为加快转变农业发展方式的首要任务。

韩长赋认为，要集中力量确保谷物基本自给、口粮绝对安全，这意味着谷物自给率要保持在 95% 以上，水稻、小麦两大口粮保持 100% 自给。

很长一段时间以来，我国一直是大米出口国。2012 年以后，由

于国内外大米价格倒挂，我国由大米出口国一跃成为主要的大米进口国。据海关统计，2012年我国大米进口量约为236万吨，2013年和2014年分别进口大米约224万吨、256万吨。如果算上走私大米，则大米进口总量很可能超过400万吨。

2015年以来，东南亚大米价格进一步走低，与国内大米价差进一步拉大，我国通过海关进口的大米数量同比继续增加。据海关统计，我国2015年1～10月进口大米263.7万吨，已超过2014年256万吨的总量，全年进口肯定突破300万吨，按55%整精米率折算为稻谷550万吨以上，占生产量的2.65%，直逼FAO的国家粮食安全标准。但国产稻谷压库严重，不会有总量安全问题，而对国内大米供求的负面影响却越来越大。因为粮食除了其重要战略性物资属性外，还具有金融性和资源性。

据预测，2015年我国稻谷总供给量约4 233亿斤，总需求量约3 906亿斤，同比减57亿斤。年度结余327亿斤。预计2015/2016年度，我国稻谷总产量20 700万吨，进口大米折合稻谷420～550万吨，稻谷总供应量超过21 120万吨。预计国内稻谷总消费量约19 000万吨（其中口粮消费约16 900万吨），出口60万吨，总需求量约19 060万吨。2015年继续供大于需，市场供需进一步宽松。预计结余2 063万吨，库存将继续大幅增加。

2. 我国粮食出现产量、进口和库存"三量齐增"怪象

我国稻谷产量再创历史新高，大米进口激增并持续保持高位，稻谷临储规模空前。近年来，我国粮食年产量稳定维持在1.2万亿斤以上，但进口量增速迅猛，2014年全年全国粮食进口首次突破1亿吨，同时粮食库存量不断增长，积压严重。从2012年起，国内粮价开始逐渐高于国际市场。到2015年上半年，大米、小麦、玉米等主粮价格均超过国际市场的50%；2015年6月，我国晚籼米较泰国大米完

税价高出 51%，小麦和玉米也分别比国际市场价平均高出 56% 和 65%。数据显示，2011 年以来，我国早籼稻最低收购价攀升超过 32%，而当前国际市场上稻米价格则比 2011 年下跌 40.4%，同时，由于石油价格的暴跌，4 年来全球粮食货运均价下跌超过 50%。

据第一财经网站报道，中国的粮食库存量世界第一，其他国家望尘莫及。中国玉米库存约 9 061 万吨，小麦库存约为 8 957 万吨，稻谷库存约是 4 560 万吨，库存加起来约为 2.3 亿吨。

我国粮食正呈现生产量、进口量、库存量"三量齐增"的现象，粮食库存世界最高，危如累卵。中央农村工作领导小组副组长陈锡文指出"国内外粮食价差扩大是造成'三量齐增'的重要原因。国内生产成本和最低收购价的抬升、国际粮食价格的下跌、人民币汇率的升值以及因全球能源价格暴跌导致的货运价格下跌，是国内外价差扩大的四大主要推手"。

据国家统计局数据，2015 年全国粮食总产量 66 060.27 万吨（13 212.054 亿斤），比 2014 年增加 2 095.44 万吨（419.09 亿斤），增长 0.655%。预计到 2016 年一季度末，我国临储稻谷库存将达 9 000 万吨左右，加上社会库存与常规储备库存，总量将达 1 亿多吨，相当多的主产区国有粮库因此出现了粮满为患，仓容日益趋紧，财政也不堪重负。全球稻谷库存大有向中国集中的趋势，这将对我国的仓容、资金构成极大的压力，后期去库存化将是必然的选择。国家将加快轮出临储粮。

由于目前大量稻谷掌握在国有粮食企业，因此，国有粮食企业的稻谷销售是国内稻谷销售的主力军。国企稻谷出售主要分为正常的储备出库和临储稻谷出库。由于库存庞大，临储稻谷的出库更受市场关注。

截至 2015 年 1 月底，临储稻谷库存达 6 000 多万吨，据此推算，即使不考虑后期新增的规模和稻谷的储存适宜性，全部消化也需 10 多年时间。显然国家也注意到了这一点，正采取措施来加快临储稻谷出库。2015 年 1 月上旬举行的与进口大米配额相挂钩的专场交易会即是一种新举措。

3. 厄尔尼诺事件导致东南亚水稻减产

联合国气候部门声称，2015 年被认定为有史以来最炎热的一年，而 2016 年将由于目前的厄尔尼诺气候模式变得更加炎热。自 2014 年 5 月开始到 2014 年 10 月正式"成型"的厄尔尼诺事件，目前仍在持续发展。中国气象局的消息显示，2015 年 10 月，厄尔尼诺海温距平指数已达到极强厄尔尼诺事件的标准。专家介绍，2015 年冬天可能因厄尔尼诺影响再度成为"暖冬"，来年春季出现"倒春寒"的可能性较大。

2014 年末至 2015 年初出现暖冬，特别是在 1 月和 2 月，全国平均气温均创历史新高。2015 年 4 月长江中下游出现"倒春寒"；入汛以来，我国降水格局继续呈现"南涝北旱"特征，江南梅雨量较常年偏多 85.6%，长江中下游梅雨量较常年偏多 35.5%，稻瘟病偏重发生；华北出现阶段性干旱，江西出现罕见冬汛。

2015 年，亚洲大米价格已经降至 5 年来最低水平，年底有所回升。美国农业部报告显示，2015 年 6 月，泰国遭遇 10 年来最严重高温干旱，2015/2016 年度泰国的大米产量预测数据下调 160 万吨至 1 640 万吨。受减产预期影响，10 月下旬，亚洲大米价格小幅上涨 10%左右，与国内晚籼米的差价从月初 1 300 元/吨的高位，回落至 1 180 元/吨左右。进口大米价格止跌上涨，利于缓解库存压力。

4. 国内稻米市场呈现"稻强米弱"现象

2001 年稻谷购销全面放开后，价格基本由市场形成。2004 年最低收购价政策出台后，对市场价格形成了重要影响。2008年曾全面启动临储收购。2011年以后，尤其是2013年以来，随着稻谷生产的连续丰收，最低收购价预案启动已成常态。最近10年，粮食官方收购价格整体大幅上涨，农民很开心，粮食加工业高兴不起来。粮食价格涨了，加工业成本高了，但是粮食加工产品的市场售价随行就市，涨不起来，或者涨幅跟不上原粮的涨幅，稻谷加工大面积亏损，加工企业步履艰难。

2014年，全国大米行业实现利润不足5亿元，平均每家企业利润不足5万元。行业内无论是龙头企业还是中小型企业，大部分处于微利或亏损状态，粮食加工业难以支撑。2013年，北大荒米业亏损就达4.22亿元。而据黑龙江大米协会统计，2013年以来有近半大米加工企业亏损。受此影响，黑龙江只有不足1/3的大中型企业开工率能达50%左右，其他一般维持在30%左右，年加工能力5万吨以下的小型企业停产面更为严重。据南昌县业内人士介绍，2013年以来，当地加工企业也是如此，主要是销至广东的大米大幅减少。

随着国内稻谷连续丰收和最低收购价不断上调，尤其是2012年以来，国内稻米市场价格低于最低收购价和高于国际市场价格已成常态，政策对国内稻米价格的主导作用日益增强，市场波动范围不断收窄，"稻强米弱"成为常态，最终也导致稻谷降价。

玉米价格降了，2015年国家临时存储玉米挂牌收购价格为1元/斤，价格降幅约10%。小麦、水稻的实际收购价每斤也都降了约0.1元。

导致降价的主要原因是缺少大型粮食加工企业，而大型粮库储粮多加工少。2014年，全国入统大米加工企业8 500多家，生产大米1.3亿吨，实现销售收入4 000多亿元，利润4亿多元。全国排名前50的企业加工能力合计占总产能的12%左右。排在前三的中粮集团、北大荒米业、益海嘉里产能合计超 1 000 万吨，只占整个稻谷加工市场的 4%左右。

5. 提高种粮效益因价格因素难以再提高

随着国际原油价格和大宗商品价格的大幅走低，国内汽柴油等原料价格也快速下降，化肥、农药和物流费用等逐步走低。随着稻米生产经营成本涨幅趋缓甚至下降，依靠成本推动粮价上涨的动力明显不足。若粮价大跌，农民收入就难以提高，影响小康目标的实现。预计 2016 年继续启动最低收购价的可能性较大，但其定价情况还不详，预计与 2015 年持平或小幅下降。由于最低收购价将不再上调，刺激稻米价格上涨的因素暂时不多。在临储稻谷加紧轮出和储备稻谷轮换的双重打压下，早籼稻因轮出量大，市场容量小，受进口大米冲击最直接，明年走势可能最弱，并直至新稻上市前夕，有可能跌至最低收购价下方，托市收购全面启动的可能性也将较大。

粮价不可能再涨了，提高种粮效益难度加大，稳定粮食生产面积的难度加大。据调查，2015 年种田效益下降。江西省 50～200 亩的大户一季种粮效益 2013 年为 515 元/亩，2014 年为 445 元/亩，2015 年预计为 380 元/亩。目前还有盈利空间，随着粮食收购价的下行压力在加大，对农民种粮积极性无疑是相当大的打击。由于种粮收益比种植经济作物以及从事其他行业收益偏低，一方面，导致大量农村劳动力进城务工，农村劳动力紧缺；另一方面，导致许多农田改种经济作物，粮食作物播种面积难以稳定。预计双改单的面积会增加，来年稳定粮食生产面积的任务很重。

6. 农药、化肥使用过量

我国是世界上使用农药和化肥最多的国家。据国家统计局数据，2013 年我国农作物亩均化肥用量 21.9 千克，远高于世界平均水平

（每亩 8 千克），是美国的 2.6 倍。农药使用量总体也呈上升趋势。据统计，2012—2014 年农作物病虫害防治农药年均使用量 31.1 万吨，比 2009—2011 年增长 9.2%。过量施肥、过量使用农药，不仅增加水稻生产成本，也影响稻米质量安全和生态环境安全。

党中央、国务院《关于加快推进生态文明建设的意见》提出，"协同推进新型工业化、城镇化、信息化、农业现代化和绿色化"，首次提出"绿色化"，与原来倡导的"新四化"并举，具有重大意义。生态文明和"绿色化"理念与社会主义核心价值观一脉相承，已成为社会主义核心价值观的重要内容。党的十八届五中全会强调，实现"十三五"时期发展目标，必须牢固树立并切实贯彻创新、协调、绿色、开放、共享的发展理念。

7. 农业生产受气候环境影响大

近些年，江西省极端天气气候事件多发频发，旱涝等灾害风险增大，病虫害发生频率增加，特别是极端性天气给粮食生产带来的负面影响加剧，给粮食安全增加了一些不稳定因素，靠天吃饭的局面仍然没有改变。

2014—2015 年受厄尔尼诺现象影响，夏季无高温、冬季无低温，气候异常，影响全球水稻生产。江西省 2015 年早稻气温低延迟收获，也影响到晚稻生产，受 10 月下旬阴雨天气影响，江西省部分县中晚稻收割受阻、湿谷难干，其间收割的稻谷部分出现霉变情况，出售量少，农户遭受不同程度的经济损失。

与周边省份相比，江西省水稻单产差距主要在晚稻。究其原因，江西省是全国 6～8 月温度最高的地区，比周边省份高 0.8～1.6 ℃，而 9 月受台风影响"寒露风"频繁，晚稻前期高温返青慢、后期受低温影响，结实率低且充实度差，晚稻亩产明显低于邻省。当然，江西水稻单产水平低还与双季稻比例大、社会发展水平低、种粮投入少、土壤肥力差等因素有关。

8. 农民风险意识差

近年来，江西水稻直播面积逐年上升，早中晚稻均有直播，不少地区采用双季直播。他们无视直播稻的风险，只求轻简方便。尤其是在 2013 年和 2014 年没有低温冷害和台风影响的情况下，直播用种量大，弥补了基本苗和有效穗的不足，反而容易高产，使得 2015 年直播稻面积进一步扩大，在鄱阳湖区竟然出现大面积的以长生育期优质常规稻"黄华占"做二晚直播，潜在风险非常大。

还有再生稻的问题。江西省再生稻面积一直上不去，主要有两个原因：一是品种选择问题。因为是夏季温度最高的省份，用长生育期的品种作再生稻，头季结实率受高温影响，产量不高。二是收获机械影响再生稻产量。近两年来所有的再生稻示范都很成功，主要是 8 月没有遇到高温天气。在江西省再生稻只有在一季稻区推广才有意义，品种宜选用晚稻中迟熟类型为主。

9. 常规稻面积呈扩大趋势

随着直播稻面积的增大和优质化的要求，常规稻面积也呈扩大趋势。据江西省种子局根据种子经营量估算，2015 年江西省常规稻面积约为 1 200 万亩，其中早稻近 700 万亩、中稻约 100 万亩、晚稻约 400 万亩。

三、促进江西水稻产业升级发展的对策与建议

党的十八大以来，创新、现代农业、调结构、转方式、第六产业（一二三产融合）、"一带一路"、粮食安全、兼顾数量与质量、两个市场、两种资源、产量连增、大米进口、粮食压库、北粳南移、民族种业、稳粮增收、提质增效、机械化、轻简化、高标粮田、土地确权、

土地流转、适度规模经营、"互联网＋"、绿色发展、农药化肥零增长、四控一减等诸多关键词，为我国和江西省水稻产业的发展指明了方向。

2015 年初，国务院发布了《关于建立健全粮食安全省长责任制的若干意见》，从八个方面明确了各省级人民政府在维护国家粮食安全的事权与责任。也许，我国目前任由国外廉价大米冲击国内稻米市场是如何利用国外资源保障国家粮食安全的一种探测，但结果可想而知。2008 年的全球粮食危机时，埃及、印度等国就停止出口大米。所以，如何促进水稻产业的发展升级，进一步提升质量和效益，提高产品市场竞争能力，是一个需要各级领导高度重视的重要命题，也是广大农业科技和技术推广人员的重大使命。

（一）进一步完善粮食政策

1. 继续实行保护价

谷贱伤农，米贵伤民。政策上依然要制定最低价收购，为保护农民利益，防止"谷贱伤农"，2016 年国家继续在粮食主产区实行最低收购政策。国务院批准，2016 年小麦最低收购价为每 50 千克 118 元，保持 2015 年水平不变，以稳定粮食生产，促进粮食产业健康发展。另外，通过种粮补贴、农资补贴、农机补贴、加工补贴，强化生产资料供给和农资质量保证，完善粮食安全流通和调控机制，控制粮价和米价无序上涨。

2. 进一步健全政府责任体系

政府要通过建立宏观政策组合，提高政府对粮食市场的宏观调控能力。加大仓储能力建设。建立由目标价格、最低收购价和市场价格构成的粮食"三元价格体系"。平衡粮食主产区与主销区关系，完善利益补偿机制。我国实行了 11 年的粮食最低收购价政策在促进农户增收，保障国家粮食安全等方面发挥巨大作用的同时，也出现了一些新的问题。因此，2014 年新疆的棉花和东北、内蒙古的大豆率先实行目标价格试点。

2015 年中央 1 号文件也对粮食安全提出了新要求，其中第一条就是加强粮食生产能力建设，全面开展永久基本农田划定工作。要求强化对粮食主产省和主产县的政策倾斜，粮食主销区要切实承担起自身的粮食生产责任。提高粮食收储保障能力，严厉打击农产品走私行为。

3. 积极利用国际资源促进粮食贸易平衡

进口粮食已经成为新常态，要与主要粮食出口国签订长期稳定的粮食进口合同，稳定获取粮食资源。加强国际农业方面合作。加强海外投资，建立海外农产品供给基地和化肥基地，有效避免国际粮食价格波动和化肥价格垄断。

（二）调结构的重点在于促进发展第六产业

1. 探索激活农村经营机制

在土地确权的基础上，把农业从传统的第一产业"涅槃"为"第六产业"，在尊重农民意愿的前提下通过土地流转、土地托管、土地入股、土地信贷、抵押、土地规模化经营等制度创新，实现规范化经营权流转。吸引城市工商资本和社会资本。鼓励农户搞多种经营，即不仅种植农作物，而且从事农产品加工与销售农产品及其加工产品，以获得更多的增值价值，实现"1＋2＋3＝6"。提高农产品加工流通效率，推进农产品储藏、保鲜、加工，大力发展"公司＋农户""公司＋合作社"的农业产业化经营，加强产地市场体系建设，持发展直销、配送、电子商务等农产品流通业态，引领种养业品牌培育与产业升级，让农民更多分享产业链增值收益。同时，进一步开发农业多种功能，大力发展休闲农业和"一村一品"，提升农业的生态价值、休闲价值和文化价值，着力打造一二三产业融合的"六次产业"。

一要培育多元新型经营主体。靠种养大户、农民专业合作社、家庭农场等新型经营主体，由他们来承担融合发展的任务。促进家庭经营集约化、专业化、规模化发展。加快发展农民专业合作社。二要加速拉长第二产业链条。引导龙头企业大范围地带动生产基地和农户，形成龙头企业加生产基地和农户的产业化经营新格局。三要不拘一格发展第三产业，扶持观光农业。

2. 促进信息化发展

重视农业信息工作，多渠道提供农资信息和市场信息，提高信息服务功能，促进行业发展。引导农村电商发展，促进三产融合。

3. 调整种植结构可适度发展晚粳

推广早籼晚粳模式，既利于调整种植结构和产品结构，也利于稳粮增收，还能提质增效。在晚粳品种选择上，可多管齐下，即可选择生育期较短的甬优1538等高产型籼粳杂交稻，还可选择感光型的杂交粳稻如春优84，也可试验常规品种。结合江西实际，尤其可引进试种长粒型粳稻，破解粮站不愿收储圆粒型粳稻的尴尬。著名的五常大米就是长粒型的常规粳稻。

（三）进一步改善生产条件，提高综合生产能力

1. 进一步加强农业基础建设，提高农业机械化水平

加快粮食主产区建设。按照资源禀赋、生产条件和增产潜力等因素，加快建设粮食生产核心区和开发后备产区。进一步加大农田基础设施投入，加强大型农田水利设施建设，改善农田水利灌溉设施，进行加固堤围，整修排灌渠道、机耕路，维修电排，使农田排灌畅通，建设高标粮田。加大水稻全程机械化生产的相关研究与攻关及技术推广力度，提高机械耕作水平，尽力弥补农村劳动力缺口，实现粮食增收。通过全程机械化、生产专业化和标准化，提高产业链配套水平，提高粮食产业的经济利润水平。

2. 进一步加大耕地质量保护提升支持力度

耕地质量是耕地生产能力与耕地生态质量因素的综合反映，与国家粮食安全、农产品质量安全以及农业和农村经济的可持续发展紧密相连。开展耕地质量保护与提升，重点支持江西省开展以绿肥种植、秸秆还田、酸化土壤改良培肥、增施商品有机肥等为主要内容的耕地保护与质量提升工作。

（四）促进生产关系适应生产力的发展

1. 培育新型生产经营主体

大力扶持家庭农场，积极推进合作社组织，实行规模化种植和产业化经营，提高种稻效益。

2. 理顺生产主体和企业与管理主体的关系

尊重农民生产主体地位，尊重农民意愿，新型农民职业技术培训。通过园区建设促进企业发展，扶持企业提高自主创新能力。

3. 理顺产业链的关系

协调产业集群的发展，扶持综合性企业发展，克服绝大部分粮食收购企业不加工的缺陷。水稻产业由稻米生产、贸易、加工、物流、研发等环节构成，是关系到国计民生的重要产业。产业结构必须优化升级，企业兼并重组、生产相对集中不可避免。从市场竞争特点看，过去主要是数量扩张和价格竞争，现在正逐步转向质量型、差异化为主的竞争。发展深加工是稻米产业的必由之路。企业只有延长自己的产业链，将种植、贸易、物流、加工等各个环节打通，实现专业化合作，才能不断降低成本，保障利润。

4. 理顺部门之间的关系

水稻发展中，粮食生产与种业、农机、植保、土肥、栽培、推广等已经实现"一盘棋"，主要是产前和产中环节的一体化，与产后环节严重脱节。在产业发展到以效益为中心的当今，进一步协调农业部门与粮食部门的关系，实现产业发展一盘棋尤其重要。鉴于粮食是重要战略性物资的特殊属性，故国家粮食局隶属于国家发改委。江西省赣州、鹰潭等部分市（县）实现了粮食局与农业局的整合，效果如何值得调研。

受科技发展水平的限制，农业还摆脱不了靠天吃饭的局面，还应加强与气象部门的协作与交流。

5. 理顺学科之间的关系

学科交叉形成新的生产力。水稻产业的发展离不开育种、栽培、土肥、植保、农机、信息科学、金融学、经济学、管理学等综合发力。江西省水稻产业技术体系缺少水稻产业经济与政策岗位，为了应对国际市场冲击，建议增加此岗位，这样也利于拓宽农口领导和专家视野，为水稻产业发展决策提供依据。

6. 适应国内外市场关系、利用好两种资源

随着经济、社会的发展，新常态要求用更高的眼光谋求产业的发展，全面提高统筹利用国际国内两个市场、两种资源的能力。水稻产业也要考虑这两个市场、两种资源。当前，国际米价和大米贸易对我国和江西省稻米市场的冲击已经产生深刻影响，但我们似乎还没有找到应对良策，国家正在鼓励企事业单位利用国外土地和生产资源进行农业生产，而江西省"一带一路"的农业项目不多。

（五）破解卖粮难的难题

卖粮难会影响农民的种粮积极性，如何破解这一难题，江西省作为主产区应该在国家政策的基础上有自己的对策。

1. 在加快储备粮和临储粮轮出的同时，加强仓储建设

一方面稻谷压库多，另一方面仓容不足，特别是私有加工企业仓储条件差且仓容量小，难以应对市场变化。

2. 恢复并加大粮食加工补贴

通过加工补贴弥补稻强米弱给加工企业带来的损失。

3. 将国家粮食进口配额与本省产粮收储配合

使粮食企业在享受国家政策扶持的同时承担必要的义务，同时也要加大走私大米的查处和打击力度。

4. 示范推广利于提高品质的种植模式

一是结合江西省提出的绿色崛起战略，在转方式上应加大绿色和有机稻谷生产示范及相关技术研究。二是利用晚稻早种模式提高早稻品质。三是发展再生稻，利用再生稻品质好的特点提高二茬稻谷质量。四是试验示范长粒型晚粳品种。

5. 进一步改良品质，培育优质稻新品种

国家要加大粮食优质化科研力度和育种应用研究。水稻品质并不仅仅与温度有关，关键在于种质资源的发掘与利用，但意识到这一点的人似乎不多。泰国属于热带国家，而泰国优质稻享誉全球。国家有必要设立优质稻育种专项，尤其要加强长江流域优质早稻育种，江西省财政尤其要加大早稻育种支持力度，选育优质早稻和早稻直播专用品种，加大肥料高效型良种研发力度。

（六）强化科技创新，坚持区域发展特色、藏粮于技

国家应设立粮食主产区的专项科研基金，加大科研攻关力度，着力解决技术研发与生产需求的脱节问题。

1. 加强双季稻机插技术

通过钵苗移栽和摆栽等技术改进，重点解决晚稻大苗机插和发苗慢导致的生育期延长难题，

2. 培育直播专用早稻

结合耐低温、厌氧发芽、耐淹特性，培育春季直播不烂秧的早稻新品种。

3. 攻克稻曲病防治难题

随着大穗型品种和粳稻的示范推广，稻曲病已成为主要病害。要从防治时期和新型药剂入手，研发出高效综合防治技术。

4. 研发智能化和水肥一体化技术

智能化技术和水肥一体化在蔬菜等作物上已经普遍使用，在水稻上智能化精准栽培技术尚在初步试验示范中。

（七）高度重视减灾防灾技术

1. 针对不利气候开展相关研究

一方面应加强抗灾防在技术研究，另一方面要积极探索新的种植模式。利用耐高温逼熟的优异种质选育优质早稻、利用优质早熟晚稻进行晚稻早种，是改良早稻品质的两大可行措施。而加强晚稻耐低温

育种、晚稻改种粳稻，适当推广早籼晚粳模式，减轻晚稻低温危害，应该是提高晚稻单产的重要路径。

2. 预防"倒春寒"

中国工程院院士、中国气象局气候变化特别顾问丁一汇指出："多年统计资料显示，在较强厄尔尼诺事件出现后的第二年，长江中下游地区多雨、华北干旱出现的可能性将增加。"应继续高度警惕2016年可能出现的气候异常，减少灾害损害。

3. 提高自然灾害防御能力

加强农业灾害保险，完善农业保险体系。

4. 加大相关抗逆育种与栽培的研究力度

培育抗病虫、耐寒、耐旱、耐涝等特性的良种，提高抗灾能力，保证水稻丰产稳产。

5. 积极探讨适合双季稻区的稻谷产地干燥模式和方法

通过对固定式稻谷烘干技术和移动式水稻烘干设备的使用情况进行大量分析和示范推广，解决路边晒谷和稻谷太阳自然干燥的难题，实现稻谷烘干的机械化，减少芽谷和储存霉变。

6. 发展再生稻要预防高温危害

发展再生稻不宜占用双季稻面积，主要在一季稻区示范推广才有意义。可用生育期不是太长的晚稻中迟熟组合在清明前后播种，头季稻7月上旬抽穗。即采用晚稻早种＋再生稻新模式，头季稻避开高温危害。改变江西省目前采用中稻组合再生的风险做法。使用全程机收，鼓励更多种植大户将一季稻改为一季＋再生，才能促进再生稻面积的扩大。

江西省水稻产业发展报告
（2016）

一、2016 年江西省水稻产业发展的主要特点

1. 2016 年江西省粮食生产再获丰收

据江西国家统计局数据，2016 年全省粮食播种面积 5 529.32 万亩，比 2015 年减少 29.08 万亩，粮食总产 427.62 亿斤（2 138.11 万吨），较 2015 年减少 2.12 亿斤。其中水稻种植面积 4 974.47 万亩，较 2015 年减少 125.83 万亩，稻谷总产 402.52 亿斤（2012.6 万吨），较上年减少 2.92 亿斤。全年完成了 420 亿斤以上的粮食生产目标任务。

2016 年，江西省夏粮面积 119.7 万亩，同比增加 5.4 万亩，产量 3.68 亿斤，同比增加 0.24 亿斤。在全国早稻减产的背景下，江西省早稻面积 2047.65 万亩，同比减少 39.6 万亩；亩产 383.8 千克，同比减少 5.2 千克；总产 157.18 亿斤，同比减少 5.2 亿斤。分析原因：一是受近年"两板挤压"和 2015 年"三量齐增"影响，农民种粮卖难问题显现，收益下降；二是受 2016 年早稻最低收购价下调影响；三是受厄尔尼诺事件影响，上半年雨量过多，洪涝灾害严重。

秋粮是江西省全年粮食生产的重头。2016 年秋粮生产期间，江西省雨水充足，除局地发生高温干旱外，大部地区受灾害影响较小，气象条件总体较好，秋粮生产形势总体向好。据国家统计局数据，2016 年江西省秋粮总面积 3 362.1 万亩，比去年增加 5.4 万亩；秋粮单产 396.72 千克/亩，比去年增加 3.59 千克/亩；秋粮总产 1 333.8 万吨（266.76 亿斤），比 2015 年增加 14.1 万吨（2.82 亿斤）。其中，中稻及一季晚稻面积 636.9 万亩，比 2015 年增加 37.05 万亩；单产 468.83 千克/亩，比 2015 年增加 3.55 千克/亩；总产 298.6 万吨（59.72 亿斤），比 2015 年增加 19.5 万吨（3.9 亿斤）。2016 年收获的

中稻出现一定程度"价低卖难"问题，且情况重于往年，且中间商收购价格每百斤较去年低 5～10 元，降幅达 4.8%～7.7%。同时，2016 年晚稻播种以来，江西省光、温、水等天气条件对其生长发育总体较为有利，2016 年江西省双季晚稻面积 2 290.05 万亩，比 2015 年减少 36.45 万亩；单产 405.27 千克/亩，比 2015 年增加 2.86 千克/亩，克服了二化螟流行危害；总产 928.1 万吨（185.62 亿斤），比去年减少 8.1 万吨（1.62 亿斤）。

2. 2016 年江西省水稻种植结构和方式有所变化

一是中稻种植规模有所增加，双季稻面积总体稳中稍降。主因在于市场行情不佳，雇工难且成本高，稻谷价跌卖难。

二是种植结构有所变化。常规稻种植比例有所上升。籼改粳试验示范方向已从中稻转向晚粳，虽然还没有引起种植结构上大的变化，但为结构调整储备了品种和技术。

三是种植方式有所改变。直播稻面积仍在逐年扩大。再生稻试验再创高产但与邻省湖北仍有差距。通过加大农机补贴力度，机械化水平逐步提高，水稻耕种收综合农机化率已超过 70%，尤其是稻谷机械烘干大有改观。

3. 智慧农业"江西模式"向全国推广

江西省大力实施"互联网＋"农业行动，创新提出"123＋N"的江西智慧农业建设思路，已在全国率先整省推进智慧农业建设。至 2015 年，江西省农产品电子商务交易额 190 亿元。国务院办公厅、农业部已向全国推广智慧农业"江西模式"。2016 年 5 月，农业部副部长余欣荣到江西省农业厅调研江西智慧农业建设情况时对江西智慧农业建设给予了高度肯定。2016 年 11 月 5 日，尹建业副省长被邀请在 2016 农业信息化高峰论坛（昆明）做了题为《以智慧农业引领农业发展新时代》主旨演讲，指出：以信息化为核心的智慧农业就是农业的4.0模式。利用"互联网＋"这条高速公路，将绿色生态优势转化为经济优势。

4. 绿色生态农业建设打造"美丽中国"江西样板

作为全国三个绿色生态农业试点省之一，2016年，江西又被农业部列为全国唯一的"全国绿色有机农产品示范基地试点省"。江西省正在通过绿色生态农建设的途径加紧打造"美丽中国"江西样板。2016年省政府倡导：绿色生态产业标准化建设行动、"三品一标"农产品推进行动、绿色生态品牌建设行动、化肥农药零增长行动、耕地重金属污染修复行动、秸秆综合利用行动、农业资源保护行动等绿色生态农业十大行动，大部分都与水稻有关。十大行动风生水起，为水稻产业的可持续发展奠定了较好的基础。

5. 高产高效创建示范突出绿色主题和整县制推进

按农业部部署，江西省农业厅主抓九大技术攻关，在江西省14个县大力推进绿色高产高效粮油创建示范，突出绿色主题，整县制推进，出模式、出产品、增效益，带动引导江西省粮油生产调结构、转方式、提质增效，推动水稻产业转型升级。创建工作与产业技术体系紧密结合，聘请专家组团实地开展技术指导和科技服务，在技术提升和技术推广中实现产学研结合。

6. 水稻机械化精量穴直播技术示范起步有声

水稻全程机械化技术日益成熟，机防、机烘干快速推进。双季稻机插秧技术成熟并获江西省科技进步奖二等奖和全国农牧渔业丰收奖一等奖。尤其是2016年首次在十多个县开展了水稻机械化精量穴直播技术示范，取得了较好的效果。以抚州地区东乡县为代表，使用简易喷药机进行水稻喷直播也有了较大的市场。机械化精量穴直播优势明显：一是减少用种量，利于杂交水稻的推广。二是降低劳力成本，1人每天播种60～80亩，相比机插秧省工多。三是类似于抛秧能减少撒直播引起的倒伏。四是可以做到播种与施肥一体化，实现肥料深施，提高肥料利用率。五是相对人工撒，直播更利于控制杂草。六是解决了人工撒直播和抛秧的无序竞争生长和通风透光问题。在沙质水田还能试验机械化旱直播，是避免早稻撒直播烂秧的可能途径。

7. 再生稻探索新途径

2016年再生稻试验再创高产，实现机收再生稻亩产375千克。在《江西日报》头版报道。30多年来再生稻在江西省一直难以扩大推广面积，主要是由于夏季高温导致头季稻产量不稳定。新时期要求机收再生减少劳力成本，且对稻米品质和加工效益要求高，再生稻需要解决三大问题：一是头季稻抽穗期要避开高温解决不稳产的问题，二是头季稻品质不能有明显下降，三是头季稻机收碾压使得再生稻成熟期不一致而整精米率低。江西省试验改变以往传统做法，不用一季稻品种而用品质优良的超级杂交晚稻作再生稻，效果明显。

8. 早稻最低收购价首次下调使市场收购价下行风向明显并传导至晚稻

为防止"谷贱伤农"，2016年国家继续在稻谷主产区实行最低收购价政策。2016年早籼稻每百斤最低收购价比2015年下调2元至133元。这是2004年实行早籼稻最低收购价以来的首次下调。但江西省市场各方整体反应不大。绝大部分种粮大户没有因此而减少种植面积和降低种粮积极性。

对私人收购企业短期几乎无影响，但长期来看，如果农户种粮积极性下降，粮食种植面积和产量出现一定程度下滑时，收购商市场机会也会随之减少。

对稻米加工企业影响微小，甚至利好。加工企业对"稻强米弱"

格局已经习惯，通常会采取应对措施，且早稻最低收购价下调短期不会传导大米价格，有可能利好稻米加工企业。

江西省 2016 年再次启动早稻最低收购价预案，全省预计收购 48 亿斤，总量仓容缺口 16 亿斤。引发早稻收购价格下降明显，市场下行风向强劲的主要原因在于：一是 2016 年国家公布早稻收购价每百斤下降 2 元，且国有粮库基本都在 7 月底才开始开仓收购，给市场带来下行风向逐步增强。二是 7 月中下旬水稻收割时期，恰逢接连降雨不利天气，加工企业和收购商有烘干设备，趁机压低价格大量收购农户湿稻谷。三是近几年稻米加工企业不景气，加重市场下行压力。四是市场去库存信号及 2016 年国有粮库仓容偏紧信息在农村传播较快，造成一定恐慌心理，带来市场下行风向。价格下行传导至晚稻，收购价较去年低 20 元左右。这将影响来年双季稻种植意愿，稳定粮食生产面积压力加大。

二、国内外水稻发展形势与江西省水稻产业存在问题分析

2016 年是我国"十三五"开局之年，也是落实发展新理念、推进农业供给侧结构性改革的重要年份。生态休闲农业和乡村旅游等第六产业前景看好，特种稻、功能稻需求提升。

1. 绿色生产已成为国际农业主基调

绿色发展是我国五大发展理念之一。江西是三个生态文明试点省份之一，绿色生态农业十大行动将为江西样板提供新动力。农业的绿色生产也进一步受到国际重视。

2016 年 10 月，联合国粮食及农业组织发布《2015 年粮食及农业状况》报告，着重分析了气候变化与农业和粮食安全的互相影响及应

采取的农业改革措施。报告指出：粮食和农业必须放在全球适应气候变化工作的中心地位。当前农业生产模式是造成温室效应的元凶之一，采取科学的生产模式可以大大降低农业生产的温室气体排放。

2. 我国大米进口持续增加

1998 年，中国是世界第四大的大米出口国，出口量占全球市场的 14%。然而过去几年里，中国变成了大米净进口国，大量从越南、泰国、巴基斯坦和缅甸等国进口大米。2012 年，中国跃居全球第二大大米进口国，2013 年成为全球大米第一大进口国。2016 年 1 月，在经历近 10 年的贸易谈判后，中美两国终于达成协议，允许美国大米合法进入中国市场。据海关统计，我国 2012 年、2013 年、2014 年和 2015 年分别进口大米约为 236 万吨、224 万吨、258 万吨和 338 万吨。2016 年 1～10 月，我国大米累计进口 290.8 万吨，同比增 26.7%；出口金额达 25.62 千万美元，同比增长 24.6%。2015/2016 年度全球大米的消费增量几乎全部来自中国。

2016 年我国稻谷期初库存约 2 850 亿斤，总供给量约 4 277 亿斤，总需求量约 3 906 亿斤，年度结余 371 亿斤，期末库存约 3 221 亿斤，库存消费比高达 82.5%，市场供需仍保持宽松格局。另据联合国粮农组织预测，2016/2017 年度全球大米产量 4.96 亿吨，同比增 1.1%；消费量 5.03 亿吨，同比增 1.4%；期末库存 1.66 亿吨，同比减 2.3%；库存消费比 33.0%，同比下降 1.2 个百分点。全球贸易量 4 366 万吨，同比减 0.5%。全球大米供需基本平衡。

近几年，我国以大米为主的粮食进口大幅增加，主要是社会发展引起的国内外大米价格倒挂引起的，是发展中的问题。表 1 可以看出国际稻米价格远远低于国内价格，而江西省稻米价格又普遍高于国内价格，使得江西省受进口大米冲击影响更大。除了价格、品质等原因，没有形成堪称强势的大米品牌也是国产米缺乏竞争力的主要原因。

表1 2016年1～10月国内外稻米价格比较

月份	省内价格（元/斤）	国内价格（元/斤）	国际价格（元/斤）	国际价格与国内价格比较（%）
1月	2.14	2.08	1.43	−31.3
4月	2.15	2.06	1.49	−27.7
7月	2.20	2.06	1.72	−16.5
10月	2.21	2.08	1.52	−26.9

注：省内价格指江西省晚籼米批发价格。国内价格指全国晚籼米（标一）批发均价，国际价格指泰国曼谷（25%含碎率）大米到岸税后价格。2010年1月以来的美元汇率按当月银行基准价均价计算。

预计进口大米的冲击还将持续数年，进口量离532万吨的进口配额尚远，冲击力还将持续放大。粮食库存损失和去库存压力甚至引发不少人对农业的悲观论调，供给侧结构改革和降库存的任务很艰巨。

3. 我国粮食"五高"依旧凸显

2013年和2014年我国粮食产量分别是6.3亿吨、6.4亿吨，2015年中国粮食产量取得"十二连增"，粮食总量达6.61亿吨。2016年全国粮食作物的播种面积为1.18亿公顷，单产5 539.17千克/公顷，较2015年分别下降1.03%和0.25%；产量6.6亿吨，较上年下降2.57%。2016年我国粮食产量有所下降，但仍连续4年粮食产量超过6亿吨，依旧处于粮食高产量阶段。粮食总体形势呈现"五高"，即高产量、高库存、高进口、高价格、高成本。

综合上年结余、当年产量、进口，2016/2017年度我国粮食供应总量预计9.95亿吨，较上年增长1.65%，其中，进口预计3 453万吨（不含大豆）较上年下降15%左右，国内价格下滑和国际价格回升带来进口下滑，企业贸易利润决定粮食的进口总量，成为国内库存增长的主导力量。国内缩减玉米播种面积和不利天气影响，导致国内粮食生产下滑，年度进口和生产低于国内消费，国内库存有所下降，2016/2017 年度末库存量 3.49 亿吨，较上年下降 1.65％，安全系数为 54.16％，较上年下降 2.77 百分点。《2015—2016 年中国粮食安全（评估）发展报告》指出，2016 年我国夏粮丰收，是第二个高产年，小麦、玉米、稻米库存量较大，"去库存"任务仍然十分艰巨。

国内外粮价倒挂格局尚难改变，短期内逆转的可能性很低。

随着我国人口红利的递减，粮食产销成本增加，如图 1 所示，2005—2015 年，江西省水稻种植亩均人工成本逐年增长，人工成本占总成本占比高达 42％，而美国、日本仅为 10％左右。

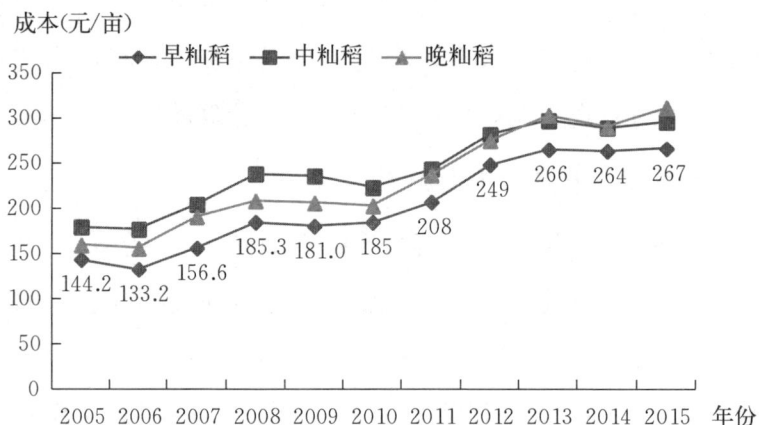

图 1　2005—2015 江西水稻种植亩均人工成本

4. 厄尔尼诺事件影响国内外水稻产量和价格

2014 年 9 月开始的超强厄尔尼诺事件在 2016 年 5 月结束。但由于大气环流对海洋变化响应的滞后性，夏季仍受超强厄尔尼诺事件的持续影响。厄尔尼诺现象引发严重干旱和洪水，导致非洲南部、亚洲和拉美近 1 亿人面临粮食和饮水短缺。本次厄尔尼诺事件是 35 年来最严重的，对发展中国家农业等领域的影响会持续两年或更长，导致泰国、越南等大米主要出口国旱情严重，持续时间长，从而影响国际米价和全球粮食产量。2016 年夏季，我国主要多雨区位于江南北部、江淮、江汉、黄淮大部、西南地区东部、东北地区东南部。其中湖北东南部、湖南东北部、江西西北部等地降水偏多五至八成。

受超强厄尔尼诺影响，2016 年 3 月以来江西省频繁的强降雨天气，带来部分地区病虫害偏重发生。尤其在 6 月，江西省暴雨过程多、降水强度大、累计雨量大，部分地区水稻受淹偏重，有些地区导致绝收。据报道：2016 年 6 月 21 日暴雨洪水，共造成江西省 16 个县（市、区）农作物受灾面积 139.5 万亩。尤以鄱阳、万年水稻受灾严重。7 月又逢接连下雨，不利早稻收割后晾晒、烘干、储存，只能低价卖湿谷。

5. 江西省水稻经营规模和生产组织形式有待进一步提升

受土地资源影响和实行家庭联产承包责任制政策，我国农业经营处于家庭小规模运行状态，江西省农业劳力平均负担的可耕地为 4.5 亩。而美国的家庭农场多在 4 000 亩以上，加拿大、澳大利亚等国家经营的面积更大，有的超过 10 万亩。

据调查，除少数产业化运作较好的国有农场和"龙头＋基地"带动型的地区外，江西省绝大部分农村农户水稻生产经营分散、规模小，产前、产中、产后各自为政，缺乏统一布局、统一指导和统一技术操作，不能形成产业规模优势，致使目前家庭经营存在社会化大市场与家庭式小规模生产、市场对农产品的标准化要求与分散式生产操作、生产技术综合集成化趋势与生产者观念难以统一、产业化和布局区域化与耕地、劳动力、资本等生产要素分散掌握在千家万户手中和规模效益优势发挥与农民小户生产等多方面的矛盾。

6. 江西省水稻种植成本高而效益低

虽然近 3 年江西省水稻双季种植效益稳定，但相比柑橘、药材、花卉等特色种植，效益仍然低下。特别是一个"紧箍咒"，两个"天花板"约束越来越明显。一个"紧箍咒"即生态环境和资源条件的约束。数据显示，我国化肥施用量、农药施用量分别是世界平均水平的 4.1 倍和 3 倍。我国约 30％的化肥残留在水土中，80％以上的农药不易降解，农膜残留率高达 40％。两个"天花板"，一个是进口价格"天花板"将日益挤压国内农产品价格的合理上涨空间；另一个是种粮补贴的"黄箱政策"已用至极限。

以江西省近 3 年的早稻成本收益为例，2014—2016 年早稻亩均总成本分别为 652.8 元、680.9 元和 681.5 元，种植成本连年攀升；2014—2016 年早稻亩均纯收益分别为 491.4 元、465.3 元和 471.3 元，年度间亩均收益有下滑趋势。2016 年早稻物质费用 399.3 元，同比上涨 1.73％。其中，机械作业费 139.7 元，同比上涨 7.13％，江西省农业机械化水平连年提高；化肥费 119.5 元，同比增加 1.27％。亩均化肥施用量 55.8 千克，同比增加 1.5 千克；稻种费 49.4 元，同比增加 5.56％；农药费 46.6 元，2016 年江西省早稻只有部分地区受降水偏多不利天气影响，病虫害偏重发生，农药费同比减少 4.70％。随着机械作业费的增加，农业机械化对人工作业的替代效应，用工数逐年减少。2016 年早稻亩均用工 5.3 个，同比减 0.4 个。但用工工价仍呈刚性上涨态势，2016 年雇工工价为 112.0 元，同比增长 6.1 元，水稻种植人工成本仍占总成本比重为 38％。

7. 水稻生产受气候影响较大

2016 年江西省极端天气频发，旱涝等灾害连续发生，使病虫害发生频率增加，给粮食生产带来了严重的负面影响，靠天吃饭的局面仍然没有改变。2016 年早稻多雨、中稻持续高温、晚稻台风引发倒伏较严重且二化螟大流行，严重影响了江西省水稻生产。

三、建议

我国粮食总体形势呈现"五高"，即高产量、高库存、高进口、高价格、高成本。2016 年我国粮食"去库存"任务仍然十分艰巨。国务院《全国农业现代化规划（2016—2020 年）》指出，新形势下我国粮食产业发展的主要矛盾已经由总量不足转变为结构性矛盾，推进农业供给侧结构性改革，提高农业综合效益和竞争力，是当前和今后一个时期江西省水稻产业发展主要方向。结合 2016 年江西省水稻产业发展实际和发展趋势，提出以下建议：

（一）切实推进供给侧结构改革，缓解降库存压力

国际大米市场的冲击引发出的粮食供给侧结构改革和降库存压力，江西尤为突出，必须采取综合措施切实应对。政府要在补短板、扶"三农"、确保口粮绝对安全的基本要求与降库存之间寻找突破口和应对措施，关键在于促进规模经营和机械化生产、转方式、调结构、节本增效、改良品质和适应多元化需求。

1. 调结构，优布局，实施比较优势战略

以资源环境承载力为基准，坚持以"突出骨干主栽品种，科学合理搭配品种，大力推广优质品种，积极引进新品种"的原则，充分发挥各地比较优势，因地制宜发展适度规模水稻生产，推行供给侧结构性改革。抓好水稻种植结构调整，适当发展晚粳，加大优质水稻品种推广。扩大赣中北水稻适度规模种植范围，调减赣南等非优势区水稻种植。发展订单农业，鼓励优质优价，提高稻米产业的质量效益竞争

力，以及产业发展与资源环境的匹配度。

2. 转方式，促进机械化生产

集约化、机械化、专业化发展和土地流转是降本增效和可持续发展的必由之路，农业生产主体从兼职化不断地向专业化转变，农业生产机械化水平日益提升。品种必须适应机械化技术；同时，要推进农机与农业的双向融合。

3. 以规模经营为基础，实现节本增效

通过深入调研，明确种粮大户、农村合作组织、专业化技术服务公司、企业等多种生产经营主体的适度规模。在适度规模经营的基础上，大力推广节本增效技术，降低生产成本，提高产品质量，增强产品的市场竞争力。

4. 加快绿色优质品牌创建，提升大米品牌质量

突出江西绿色生态优势，大力推动水稻初、精深和主食加工发展，结合绿色生态稻作文化，做优江西"特色绿色生态"品牌建设。健全绿色有机大米溯源体系。

5. 促进三产融合

一是努力营造新业态。发展与稻米相关的休闲农业、观赏休闲旅游业、电商业、商贸物流业、生产性服务业、绿色餐饮产业等，延长产业链条。推进水稻产业与旅游、教育、文化等产业深度融合，提升江西省稻米产业附加值、竞争力和影响力，逐步实现由"卖原粮"到"卖绿色深加工稻米产品、卖文化、卖品味"等的转变。

二是适应多元化需求。结合休闲农业，丰富红米、黑米、富硒大米、高糖米、耐低肥有机大米、低水溶性蛋白水稻、米粉稻、米饼稻、年糕稻、抗性淀粉米、发芽糙米，以及巨大胚、富含 γ-氨基丁酸（GABA）、低谷蛋白等特种稻、功能稻（保健稻）特色品种。

（二）加快构建现代水稻产业体系

1. 加大补贴力度，强化强农惠农政策

继续强化强农惠农富农政策，农业补贴向粮食主产区和新型经营主体倾斜。

一是加大农业保险保费补贴力度。针对自然和市场双重风险，鼓励农业保险公司设计提供多层次多元化的农业保险产品，试点天气指数保险和粮食目标价格保险，探索"保险＋期货"融合型保险产品的适用性，供传统农户和新型经营主体自主选择，国家加大对农业保险保费的补贴力度。

二是加快建立粮食主产区利益补偿长效机制。一方面，要加大均衡性转移支付力度，完善县级基本财力保障机制；另一方面，应逐步建立销区对主产区的利益补偿机制；同时，要增加产粮大省奖励资金规模，研究奖励资金与粮食调出量挂钩。

2. 稳步提升水稻综合生产能力

要以市场需求为导向，调优、调高、调精水稻产业，打造全产业链，提高产业质量效益。

一是充分利用"三权分置"，大力实施"藏粮于地、藏粮于技"战略。坚守耕地红线，确保永久基本农田规模，不断完善"三权分置"办法，探索农村土地集体所有制的有效实现形式，鼓励家庭农场主、种植大户、农业企业更便捷地开展大规模连片高标准农田建设，巩固提升粮食产能。

二是探索耕地轮作休耕制度试点。利用当前国内外市场粮食供给宽裕的时机，重点在地下水漏斗区、重金属污染区、生态严重退化地区开展试点实行耕地轮作休耕，对休耕农民给予必要的补助。这既有

利于耕地休养生息和农业可持续发展，又能真正实现"藏粮于地"，优化粮食供求关系。同时有利于平衡粮食供求矛盾、稳定农民收入、减轻财政压力。

（三）加快构建现代水稻生产体系

1. 强化农业设施装备建设

一是抓好农田水利基础设施建设。尤其要切实抓好灾后农业生产恢复，抓紧修复水毁农田基础设施。针对大水过后田间养分流失较多的情况，及时增施肥料，促进作物正常生长发育。及时改种补种，对受淹损失较重甚至绝收的田块，改种补种生育期短、有市场需求的作物，同时要切实保证晚稻面积落实。做好救灾备荒种子的调剂调运，保证灾后生产恢复需要。同时，结合划定永久基本农田和土地整治，支持灾区通过客土再造等措施，恢复耕作层。利用高标准农田建设等项目资金，支持水毁农田修复，重点用于疏浚渠系，修复桥涵泵站和机耕道路等，为尽快恢复农业生产创造条件。

二是推进和示范水稻生产全程机械化。研究适宜丘陵山区作物生产的农机，加快实施水稻机械化育插秧、机耕、机收、植保、烘干、精米加工等生产加工环节全程机械化，在江西省范围内构建百亩、千亩、万亩水稻全程机械化示范基地。大力引进示范和推广粮食生产及农田水利基本建设等农村经济活动所需的各类新型适用农业机械，力争江西省水稻主产区年度深耕、深松整地面积达到30％以上。

三是加大仓储、烘干等配套设备建设，实现"藏粮于民"。一方面，在国有粮企仓库配备稻谷烘干设备，在天气不好时，大户收割稻谷后直接送到粮企烘干，达标后直接交售粮库；另一方面，应加快仓储设施建设进度。根据种粮大户、家庭农场和农民合作社等新型经营主体的储粮需求，大幅增加烘干设备购置补贴额度，以专项补贴、贷款贴息等方式支持储粮设施建设，既促进农民择机售粮、增加种粮收益，又实现"藏粮于民"。

2. 推进农业标准化规模化生产

一是发展适度规模经营，提高规模效益。依据现有生产要素，合理确定种植规模，推进土地经营权有序规范流转，特别是向种田能手流转，引导发展土地入股、土地托管等多种经营形式，培育种植大户、家庭农场、合作社等新型经营主体，提高规模效益。

二是推行全产业链标准化生产，质量安全监管。继续扩大和完善现有专业化、规模化、标准化的水稻生产基地，将水稻生产连片统一品种、植保、收购、销售，实现水稻主产区整乡整县整市推进。利用现有种养加先进技术，积极发展无公害、绿色、有机农产品，推进农产品质量安全追溯体系建设，从源头上保障农产品质量安全。

3. 开展典型示范精准扶贫

一是利用示范园区典型示范推广。将最新科技成果在水稻主产县市建立省、市级试点示范基地，或在当地的现代农业科技园或示范园内推广应用，实现园区的精品化、高产化、休闲化，通过典型示范，让农民更快更真实的分享现代科技成果。

二是充分发挥驻村帮扶作用，切实开展精准脱贫。通过驻村帮扶"回头看"和"双帮"工作，依据各地各户实际情况，选择适宜种植的水稻品种，以及生产规程，详细制订帮扶措施，因村、因户施策，做到扶持对象精准、政策落实精准、项目安排精准、资金使用精准、措施到户精准、因村派人精准、责任落实精准、脱贫成效精准。

4. 推广水稻种植新模式

积极试验示范和推广新型水稻种植模式，为转方式、调结构提供示范展示。大力推广双季机插模式，积极示范推进早籼晚粳模式、晚稻早种模式、晚稻早种＋再生稻模式、高效种养模式、减肥减药模式，认真试验双季直播模式，着力推动机械化精量穴直播技术及其配套栽培管理技术，推动水稻节本高效技术应用。

（四）加快构建现代农业经营体系

1. 大力发展"互联网＋"农业，转变经营方式

农业部余欣荣副部长在江西省农业厅调研时指出：现代农业发展动力在信息化，江西要在巩固推进实体农业的同时，大力发展"互联网＋"农业，带动生产、服务、经营方式变革，推进现代农业产供销一体化，推动全省现代农业建设。

2. 加强农业生产社会化服务

一是加快培育现代农业服务组织，强化农业公益性和经营性服务有机结合。积极研发适宜江西丘陵山地水稻种植、收获和加工专用机械和全程机械化生产设备，提高生产加工机械化水平。积极发展病虫害统防统治、测土配方施肥、农机承包作业等服务，支持开展粮食烘干、农机场库棚、仓储物流等配套设施服务，鼓励发展家庭农场＋社会化服务的经营模式，促进水稻生产向涵盖产前、产中和产后的规模化经营、机械化生产和专业化服务方向转型发展。

二是科学监测，及早发布，做好预警。一方面，及时监测并预报不利天气。各级农业部门要加强与气象部门会商，密切关注持续天气变化，准确把握水稻生长发育进程，科学研判，通过 12316 短信平台、"江西微农"微信服务平台、广播电视、报纸等方式及时发布不利天气预警信息，做好防范各项准备，并及时做好预判和监测分析，以供相关决策部门提供决策依据。另一方面，重视水稻全产业链产销形势监测预警分析。对水稻产前—前中—产后各阶段定期对种植大户、加工企业、经纪人及国有粮库库容等情况进行监测预警，及时准确反映水稻生产状况及市场行情，调查分析产销形势，为相关粮食经营主体提供决策依据。

三是尽早公布稻米最低收购价预案。根据早稻收割时间，提前启动早稻最低收购价预案，以稳定和提振粮食市场。国有粮库要提前腾出足够仓容，做到国有粮库等粮，而不是粮等国有粮库。

3. 培育新型生产经营主体

一是大力扶持种植大户、家庭农场、专业合作社、农业企业新型经营主体发展水稻适度规模经营，积极引导冬闲田季节性流转，推进水稻标准化优质原料基地建设。支持农民通过股份制、股份合作制等多种形式参与规模化、产业化经营，与企业建立长期稳定的合作关系，使农民获得更多增值收益。

二是深化扶持新型农业经营主体的政策体系，重点在财政、金融、保险、用地等方面加大扶持和引导力度。抓紧建立新型农业经营主体生产经营直报信息系统，加快建设农业信贷担保服务体系，优先支持新型经营主体发展适度规模经营。支持农民通过股份制、股份合作制等多种形式参与规模化、产业化经营，使农民获得更多增值收益。

4. 加强高素质农民培训

从短期来看，按照农业产业收入标准而非学历指标划分为初、中、高级职业农民等级界定切实可行，分级制定培育制度，扩大农村实用人才和带头人示范培养培训规模。对获得认定的高素质农民建立个人信息档案并在相关机构或网站公开，使信息透明化，接受社会的监督，另外定期对农民考核评价，努力构建高素质农民和农村实用人才培养、认定、扶持体系。

5. 紧抓机遇提升产业对外开放水平

紧抓"一带一路"、长江经济带战略和江西省"大开放主战略"的重大机遇，提升产业对外开放层次和水平。

一是充分发挥科技优势，与丝路沿线国家和长江流域水稻主产省在生产、加工技术等领域开展技术合作，推进农业科技创新交流。

二是逐步完善江西省水稻全产业链控制标准体系，解决江西省大米品质偏差、难以适应社会消费需求、对外竞争力不足等问题。

三是加快推进有机水稻基地和优质水稻产业基地建设，培育壮大一批精深加工型龙头企业，使江西成为"一带一路"和长江经济带知名的有机绿色大米供应基地。下力气引进著名龙头企业入驻江西，以先进理念、关键技术、驰名品牌改造提升江西省水稻产业。支持农产品经销企业加大营销力度，力争更多的赣牌优质大米走上"一带一路"对外开放平台。

（五）着力提升协同创新能力

1. 推进农业科技创新

一是全面提升自主创新能力。以落实水稻良种补贴、开展高产创建和增产模式攻关为抓手，以国家省部级重点项目为支撑，深入开展水稻绿色增产模式攻关和绿色高产高效创建，尽快取得一批具有自主知识产权的关键技术。大力推广缓控释肥、水田免耕机开沟直播、测土配方施肥、绿色防控等一批关键技术。在自主创新的同时支持引进优良种质资源、新品种新技术新成果，提升高产高效轻简化栽培技术集成和配套技术模式应用。

二是大力发展现代种业。加强杂种优势利用、分子设计育种、高效制繁种等关键技术研发，培育和推广适应机械化生产、高产优质、多抗广适的突破性新品种，完善良种繁育基地设施条件。加强种质资源普查、收集、保护与评价利用，推进现代种业创新发展。

我国正处于传统种业向现代种业转型的关键时期，社会发展形势、市场需求导向和农业生产经营主体的变化正在对种业产生影响，引导企业之间的合作或者联姻。应协调商业化育种与科研创新的双轮驱动，提升种业的创新能力。引导大型科研院所与种业的协作，发挥科研教学单位专家在商业化育种中的引领作用，开展公益性资源创新和鉴定评价、委托育种研究、跟班学习培养生物技术育种人才，高新聘请科技骨干到公司开展育种研究，搭建成果评估与交易平台。

2. 依托产业技术体系建设探索跨学科协作新模式

进一步加强产业技术体系内部的协作，利用体系学科全的优势，开展跨学科合作，改变以往科技立项学科单一的传统做法，开展综合技术研究与示范。围绕某种种植模式，从品种、针对该品种的个性化配套栽培技术、机械化技术、植保技术、成本效益经济核算等方面，开展全方位的联合攻关，研究集成综合技术。

3. 围绕政策导向与生产需求双轨推进科技创新

改变以往科技创新靠政府立项来促进的方法，实行双轨推进，一是要求研发人员既要围绕政策导向开展科技攻关，为政府排忧解难。二还要求科技人员到生产一线发现问题寻找课题，研发农民、企业和新型生产经营主体需求的技术，让研发成果更接地气。推进科技创新的实用性成效。

（六）构建江西特色，打造智能化绿色生态农业样板

1. 进一步促进智慧农业发展

推动现代信息技术在水稻收购、仓储、物流、加工、供应、质量

监测监管等领域的广泛应用，积极开展"互联网＋"现代农业行动，推进农业信息化的广泛应用。完善优质水稻评价标准体系，推动绿色有机大米溯源，构建优质产品信息化平台，推广智能化与水肥一体化技术。通过优质优价、技术指导、代收代储等方式，引导农民增加优质水稻品种供给，增加农民收益。

2. 进一步推进绿色生态农业行动

围绕绿色生态优势条件，发掘资源，通过清洁生产，做好生态特色文章，强化绿色生态品牌，促进有机大米生产和产品溯源，积极应对重金属污染，推进种养结合，进一步打造绿色生态农业江西样板。

3. 打造高标准试验示范展示样板

加强高标准农田建设，加强试验示范基地的基础设施建设，加强试验示范田间基本管理，促进试验示范内容与形式的统一，打造有视觉冲击力的新品种、新技术展示现场。

4. 绿色高产高效创建可闯减排栽培应对气候变化新路

一是通过研发推广水稻减排栽培技术应对气候变化，将走出一条新路。研究表明，提高产量和水肥利用率是减少农田 CH_4（甲烷）、N_2O、CO_2 温室气体排放的重要途径。撒石灰降低土壤酸性或在氮肥中添加硝化抑制剂可减少 N_2O。节水栽培可减排 CH_4 45％以上。而秸秆焚烧易产生 CH_4、N_2O、CO_2。

二是按照国务院《全国农业现代化规划（2016—2020 年）》，要稳定粮食生产能力和积极发展油菜生产的要求，积极推广稻-油、稻-再生稻-油、稻-稻-油模式。

江西省水稻产业发展报告
（2017）

党的十九大报告中，习近平总书记指出我国经济已由高速增长阶段转向高质量发展阶段，必须坚持质量第一、效益优先，深化供给侧结构性改革，把提高供给体系质量作为主攻方向；着重指出，"三农"问题是关系国计民生的根本性问题，必须始终把解决好"三农"问题作为全党工作重中之重；通过实施乡村振兴战略，确保国家粮食安全，构建现代农业产业体系、生产体系、经营体系，促进农村一二三产业融合发展。

一、国内外水稻发展形势

1. 国际大米供需持续宽松，我国大米进口压力重重

据美国农业部 2017 年 8 月发布的供需报告来看，2017/2018 年度全球大米产量为 48 259 万吨，总供给量为 60 198 万吨，总消费量为 47 907 万吨，期末库存 12 292 万吨。大米的产量、总供给量、总消费量处于高位水平，库存为历史新高，大米整体供需处于宽松局面。另外，据国家粮油信息中心数据，预计 2017 年我国稻谷总产量为 20 770 万吨，总消费量 18 560 万吨，稻谷进口为 400 万吨，稻谷结余量为 2 510 万吨，库存结余量仍处于高位。

随着我国逐步放开大米进口闸门，大米进口来源国增多。在中美双方谈判十多年后，2017 年美国首次获准对中国出口大米，目前美国对中国出口大米的草案已经敲定。但是 WTO 2017 年 8 月 21 日发布消息称，美国申请调查中国针对大米关税配额的使用问题，认为我国未充分使用应有的关税配额，限制了其他国家谷物进入中国市场。据海关统计，我国 2012 年、2013 年、2014 年、2015 年和 2016 年分别进口大米约为 236 万吨、224 万吨、258 万吨、338 万吨和 356 万吨。而 2017 年中国大米进口的关税配额量为 532 万吨，关税配额量

并未完全用完，这成为美国申请调查的原因之一。我国国内稻米市场不仅面临国外低价大米的竞争，还面临 WTO 相关规则强行约束。

2. 国内外大米价格倒挂仍存，我国大米净进口趋势延续

近些年来，由于国际大米价格持续走低，国内大米生产成本不断上升，国内外大米价格差增加，导致我国大米进口量不断增加（表 1）。

表 1　2017 年 1～10 月国内外稻米价格比较

月份	省内价格 （元/斤）	国内价格 （元/斤）	国际价格 （元/斤）	国际价格比国内 价格高（%）
1 月	2.25	2.11	1.54	−27.0
4 月	2.22	2.09	1.55	−25.5
7 月	2.29	2.13	1.71	−19.7
10 月	2.20	2.12	—	—

注：省内价格指江西省晚籼米批发价格。国内价格指全国晚籼米（标一）批发均价，国际价格指泰国曼谷（25%含碎率）大米到岸税后价格。2010 年 1 月份以来的美元汇率按当月银行基准价均价计算。

据海关最新数据统计，2017 年 1～8 月我国进口稻米 268.18 万吨，同比增加 14.2%；进口额 12.25 亿美元，同比增 14.9%；出口稻米 71.86 万吨，同比增 305.8%；出口额 3.50 亿美元，同比增 112.1%。进口稻米主要来自越南（占进口总量的 56.3%）、泰国（占 31.5%）、巴基斯坦（占 5.8%）。虽然从数据来看，大米出口增幅明显高于进口增幅，但大米进口量却是出口量的 3 倍之多。近期人民币不断升值，我国进口大米的成本逐渐降低，国内外大米价差有扩大趋势，进口米的价格优势比较明显。另外，据经合组织和粮农组织的报告指出，需求增长放缓致使世界粮价保持低位运行。因此，我国仍然是大米净进口国家，在短期内净进口的趋势仍将延续，并不会轻易扭转。

3. 国际大米库存处于低位，出口报价略有上涨

根据国际水稻研究所统计，全球前五大大米出口国印度、巴基斯坦、泰国、越南和美国的大米库存总量约为 2 900 万吨（2012 年曾达到 4 100 万吨高位），为 2010 年以来的最低水平。从需求方面来看，由于孟加拉国遭遇严重水灾等因素，2018 年全球大米贸易量预估值增加至 4 230 万吨，处于有史以来第三高位。但随着东南亚新季稻米陆续上市，主要出口国大米出口报价开始出现回调趋势，如泰国 100% B 级大米 FOB 报价 407 美元/吨，较年初涨 16 美元/吨。因此，总体上来看，全球大米出口报价略有上涨。

4. 食物不足发生率和全球不安定因素上升，粮食安全问题值得关注

据粮农组织和经合组织共同发布《2017—2026 年农业展望》指出，2016 年世界上长期食物不足人口数从 2015 年的 7.77 亿增至 8.15 亿，食物不足发生率在多年下降之后开始逐渐上升，食物不足发生率上升；预计到 2050 年要满足 20 亿人口对粮食的需求，全球粮食产量将需要增加 50%，粮食安全依然不容乐观。另外，气候冲击的影响和冲突数量的增加，特别是受冲突影响和冲突与干旱或洪水交织在一起的撒哈拉以南非洲、东南亚和西亚地区，加剧了粮食安全形势的恶化，成为导致最近粮食不安全状况加剧的背后推力。

此外，近年来，从"五常香精米"到"黄金大米"，再到"转基因大米"和"镉大米"，粮食安全事件也备受国内广泛关注。近期，网上曝出一篇名为《临近稻谷收割期，江西九江出现"镉大米"》的公开举报信，让江西省九江"镉大米污染"事件进入公众视线。虽然事件还未有定论，但粮食安全问题值得我们重视和关心。

5. 未来我国稻谷产量保持稳定，目前粮食"五高"依旧凸显

2017 年 4 月，中国农业展望大会发布的《中国农业展望报告

（2017—2026）》中指出，未来 10 年农业供给侧结构性改革将取得明显成效，粮食由阶段性供大于求向基本平衡格局转变。预计，种植面积稳中略减；稻谷产量保持稳定，总产量将稳定在 2 亿吨以上；稻谷价格稳中偏弱；口粮消费刚性增长，2026 年消费总量预计为 15 583 万吨，年均增 0.5%；2020 年之前稻米价格受最低收购价政策影响将小幅下跌，之后有望稳中有涨；受进出口政策和国内外价格变化影响，大米进口减少，出口增加，预计 2026 年进口量为 233 万吨。据农业部预测，2017 年我国粮食种植结构得到优化，种植面积稳定，粮食产量虽小幅下降，但仍连续 5 年超过 6 亿吨，依旧处于粮食高产量阶段。粮食总体形势呈现"五高"，即高产量、高库存、高进口、高价格、高成本。

二、2017 年江西省水稻产业发展的主要特点

1. 粮食生产再获丰收

2017 年受气候影响，江西省早稻生产呈现"面积下降、单产和总产均减少"局面，但从目前调研情况来看，江西省中晚稻喜获丰收，夏减秋补，2017 年整体丰收增产，粮食总产达到 2 221.73 万吨，相比 2016 年 2 138.11 万吨，略增加 83.62 万吨，增幅达 3.91%；其中，稻谷产量达到 2 126.15 万吨，高出 2016 年 113.55 万吨，增幅达到 5.64%。

2. 水稻购销进度较快

2017 年 7 月 28 日起，江西省率先在全国全面启动了早籼稻最低收购价执行预案；11 月 11 日，江西省启动中晚稻最低收购价执行预案。从目前调研情况来看，2017 年水稻购销进度明显快于往年，以卖给下乡收购的商贩和社会加工企业为主，部分为订单农业，农户直

接收割后卖湿谷已然成为普遍现象。农户无惜售和储粮意愿，"快收快销"市场交易活跃，不存在卖难问题。

3. 小型机械化直播技术、装置与适宜机械化水稻直播品种筛选逐步开展

江西农机发展进入超车道，截至 2016 年，江西省水稻种植机耕率已基本实现全面机械化，年增长 2.2 个百分点；机收率达 99%，年增长 5.2 个百分点；水稻耕种收综合机械化率达 74.16%，水稻机栽率达 26.38%，机械烘干率达 29.12%。

为了更好地推进山区丘陵区域机械化进程，2017 年体系农机专家开展小型化直播机研制，完成了与手扶式插秧机动力底盘配套的小型化直播机两代样机的试制，并进行了田间试验，田间效果较好，实现了行距可选（20 厘米、25 厘米），穴距可调（14～18 厘米），漏播率小于 5% 的研究目标。通过田间试验结果，对机具进行了结构优化设计，第三代样机正在试制中。同步开展了机械化直播同步覆土技术与装置的研制，解决水稻直播时稻种易受到鸟害、鼠害、雨水冲刷、阳光暴晒、低温等影响，以及难以保证全苗，特别是双季稻区早稻易受到"倒春寒"带来的影响，更难以保证全苗的问题。

此外，基于 2016 年、2017 年连续开展适宜机械化水稻直播品种筛选工作研究，2017 年，江西省水稻产业技术体系专家在新干县、万安县、鄱阳县、上高县及成新农场、珠湖农场等示范点就机械化直播技术与机具对早稻的适应性进行了探索，结果表明，机械化直播对一季稻品种均有较好的适宜性。

4. 水稻分子育种体系取得较好进展

2017 年，江西省水稻产业技术体系育种专家加大了对优质高产多抗水稻品种（组合）选育，通过江西审定水稻品种 13 个，利用分

子技术创制抗病虫恢复系 14 份，培育优质高产多抗水稻品种（组合）4 个（两优 960、玖两优 980、永优 580、赣晚糯 8 号），其中赣晚糯 8 号已通过专家考察。提供优质稻苗头品种参加省区试和长江流域双季稻联合体试验，徽两优靓占成为唯一一个在 18 个试点均未倒伏的品种，已通过专家现场考察。

5. 稻田立体种养模式迅速推广应用且成效显著

稻田立体种养模式受到社会各界广泛关注，推进了有关学科交叉融合，尤其在加快农业供给侧结构性改革方面颇有成效。早在 2003 年，江西省就启动以稻鸭共栖为主要技术的绿色大米发展计划。2017 年，江西省水稻产业技术体系专家结合绿色高产高效创建指导崇仁县开展稻田养蛙试验，实现了亩纯收益高达 2 万元；指导永修县云山垦殖场开展稻田养鳖试验，实现了亩产 2 万元；指导新余市渝水区开展稻鸭共栖试验，实现有机大米和本地麻鸭综合效益亩产超万元；联合特种水产专家开展了一系列的稻渔综合种养试验。结合稻田立体种养模式，江西省水稻产业技术体系专家开展了各领域的研究示范和技术服务，比如水稻绿色清洁生产、水稻病虫害防治、有机大米高效栽培技术等，多角度解决种粮效益低、种粮模式单一的传统等问题。

6. 再生稻高效技术模式研究与示范稳步推进

为解决再生稻中"头季稻不稳产、头季稻品质差、再生稻整精米率低"三大难题，以及再生稻适用品种少的问题，2017 年江西省水稻产业技术体系专家与江西省农业厅相关部门联合，引进筛选适宜早籼晚粳模式的晚粳品种 2～3 个；与体系试验站和绿色高产高效创建点结合布点，试验筛选适用于再生稻种植模式的新品种 3～5 个，再生稻两季亩产 900 千克以上；打造高产高效示范点 1～2 个，每亩节本增效 10％以上。在保证头季稳产的同时，增加一季再生稻产量，使之成为中稻增产的有益补充。

7. 降镉试验初见成效

镉是一类环境中广泛存在的重金属污染物，具有较强的生物毒性，进入植物体内积累到一定程度时，植物就会表现出毒害症状。因此，降低水稻生产中的镉含量成为众多农业专家的科研方向。2017 年，江西省水稻产业技术体系在江西省征集优质晚稻新品种（48 个籼稻＋11 个粳稻），选定在上高县锦江镇开展低镉吸附品种筛选试验。同时，在珠湖农场开展了 56 个品种的低镉品种筛选试验。此外，江西省水稻产业技术体系同步开展亚健康及障碍稻田修复利用技术研究，研究不同改良剂对稻田土壤、稻谷产量和稻谷的镉含量，以及不同程度的水分管理和有机物料对降低稻谷镉含量的效果。

8. "晚稻早种"试验广泛展开

在推进农业供给侧结构性改革过程中，全国早稻种植面积减少，加上 6 月底至 7 月底正值早稻生长期受不利气候影响，2017 年全国早稻减产 21 亿斤。江西作为水稻主产区，2017 年早稻产量相比去年减产 6 亿斤。为了提升稻农的种粮信心和效益，体系一直致力于"晚稻早种"试验。2015 年，在南城、金溪、永修、南昌等地试验筛选出了杂交晚稻优质早熟组合泰优 398 等品种，并在吉水县开展千亩示范。经专家测产，早季亩产 507.1 千克，晚季亩产 526.78 千克，双季亩产 1 033.88 千克，成效显著。2017 年，江西省水稻产业技术体系在南昌试验田以泰优 398、莲香早等晚稻早熟品种开展晚稻早种试验，与晚稻对比品质变化，以期通过多品种试验选取最适宜的晚稻早种品种。

三、江西省水稻产业存在的问题及影响因素

1. 土地资源与劳动力资源要素紧缺

就我国而言，农地资源非常紧缺，要确保产能，必须优先考虑提高土地产出率。但是，在粮食产量连丰表现下出现了一些新情况、新矛盾：耕地数量减少、质量下降，地下水超采，面源污染加重，面临资源环境"双重约束"，农民收入总体仍然偏低，高端、个性化、差异化农产品短缺，优质安全的农产品供给不足，部分低端农产品供过于求，小农户分散经营仍占多数，现代化的经营体系还未形成。此外，江西省作为农业省份，农村空心化、老龄化现象严重，大量青壮年劳动力大多外出务工，留守的劳动力接受新知识、新技术的能力相对偏弱。因此，江西省粮食产业同时面临着有限的土地资源和素质水平不高且年龄偏大的农村劳动力资源双重压力。

2. 种植成本逐年上升，收益逐年下降

以江西省近 4 年的早稻成本收益为例，2014—2017 年早稻亩产值分别为 1 144.2 元、1 146.2 元、1 152.8 元和 1 144.4 元，2017 年有所下降。2014—2017 年早稻亩均纯收益分别为 491.4 元、465.3 元、471.3 元和 458.4 元，亩均收益逐年下降。2014—2017 年早稻亩均总成本分别为 652.8 元、680.9 元、681.5 元和 686.0 元，种植成本连年攀升。然而受国家收储政策调整影响，预计未来粮食收购将取消最低收购价，以市场调节为主，低质低价成为必然。在此情形下，粮农种植信心大减，唯有调优品种品质方能赢得收益。

3. 水稻受气候、虫害影响较大

近些年，江西极端气候事件频发，旱涝等灾害风险增大，病虫害发生频率增加，特别是极端性天气给粮食生产带来的负面影响加剧，

给粮食安全增加了一些不稳定因素。

从气候条件来看，2017 年 6 月江西省大部分地区早稻陆续进入扬花灌浆阶段，其间强降雨发生频率高、持续时间长、累计雨量大，赣中、赣北等粮食主产地遭受持续强降雨袭击，对早稻生长造成不利影响。根据国家统计局的数据，江西省早稻播种面积 1 918.8 万亩，较 2016 年减少 24.6 万亩，降幅 1.2％；亩产 373.7 千克，较 2016 年减少 10.1 千克，减幅 2.6％；总产量 143.4 亿斤，较 2016 年减 6 亿斤（减少 29.9 万吨），减幅 3.8％。

从虫害影响来看，二化螟呈暴发成灾之势。2016 年 12 月至 2017 年 2 月，江西省平均气温 9.8 ℃，较常年同期平均偏高 2.3 ℃，为 1959 年以来历史第一高值，暖冬天气对病虫越冬十分有利；3 月中旬至 4 月上旬江西省多阴雨天气，雨日数普遍为 18～25 天，有利于病虫发生为害。据植保部门调查，江西省水稻二化螟冬后田间每亩虫量平均 12 056 条，是 2016 年同期的 2.65 倍，部分县最高达每亩 10 万～16 万条，创历史之最。

4. 大米品质缺乏竞争力

一是外米流入本地市场，本地普通大米销售困难。一直以来，江西稻米主销区就是邻省广东、福建，然而近年来越南等低价进口米大量涌入粤、闽市场，赣米难以进入其市场。相反，广东、浙江、福建等传统销区大米逆向流入江西产区，造成产销区倒挂。

二是大米加工企业严重缩减。传统销区正逐步丧失，江西省大米加工业举步维艰，大米加工企业以每年 150 家左右的速度减少，幸存的加工企业减产维持，大米外调大幅减少，转为内销为主。

三是加工链条虚化，中高端大米加工品少。江西省绝大多数企业在稻谷加工技术研发方面投入不足，仍限于普通大米和精洁米等初级产品加工，加工大米的正品率低，稻谷加工损耗率高达 5％左右，江西省每年产生的近 300 万吨副产品中的稻米营养素（含量约 64%）一直未能有效利用，精细食品及高附加值的多功能产品加工尚处于发展初期，还不适应市场需求。

5. 当前流通体制和储备制度引发多重问题

受国家粮食储备制度和流通体制影响，我国稻米陷入"托市困局"，托市价引发"天花板"效应，形成多重"粮价倒挂"现象。

一是粮食持续增收，仓容缺口扩大。2017 年据江西省粮食局新闻发布会报告，全省各地早稻收购期间能够投入使用仓容约 44 亿斤，基本能够满足农民售粮需求，但宜春、上饶、南昌等主产区局部地区仓容仍然偏紧。

二是粮农种粮往往唯产量和成本为第一决定因素，导致农户种植结构与市场需求错配，导致优质稻种植比例严重扭曲下降，稻谷供给质量低。

三是粮农鲜有储粮意愿，稻谷"快收快销"，直接以低价的地头湿谷交易给粮食经纪人，由粮贩承担起了"最后一公里"并享受本应由粮农所得的国家托市政策红利。

四是年年托市价扭曲了正常的价格形成机制，形成了国内与国际、产区与销区、原粮与成品粮等多重"价格倒挂"现象，粮食市场扭曲，国有企业背上了大包袱，越来越难以为继。

五是粮源"滞留"国有粮库，产生了粮食仓储成本。且受国外冲击影响，且在国有粮库拍卖过程中拍卖价格弹性大，冲击民营加工企业。

6. 高效种植模式仍存在技术难点

一是直播稻存在技术难点。江西直播稻面积迅速增长，因其省工、省力、产量高且生育期缩短等优点颇受粮农欢迎，但在实际生产中存在采用长生育期优质常规稻、出苗不整齐，后期易倒伏、肥料利用率不高等技术难题。

二是再生稻发展技术需加快探索。再生稻作为中稻增产的有益补充逐步得到推广应用，但目前筛选出来的比较适宜的、再生能力强的可适用品种少，未能形成标准化再生稻技术规程，生产中存在机收、抗病等关键技术环节问题的解决。

三是立体生态种养协调性问题。江西省高效立体综合种养模式多样，但如何协调好同一区块内多种作物的共生共养，实现每个品种的有机、安全、高效的技术规范仍有待专家们试验探索，应防控技术漏洞。

7. 水稻全程机械化尚有瓶颈

受江西省特殊地形地势、水稻种植结构复杂和基础设施建设相对落后影响，江西省水稻生产全程机械化发展有着"先天不足"，历经多年发展，目前仍存在一些问题。

一是认识不足、不清。部分地区在水稻种植方式（机插秧、直播、抛秧）选择上举棋不定，导致选择水稻生产机械时思路不清。

二是双季稻机插技术难题仍待攻破。种植机械化水平低一直是水稻生产全程机械化发展的"短板"。江西省目前双季稻生产的主要环节机械化水平仍低于全国平均，尤其是机插率仅为13％，只有全国的一半。双季稻机插过程中存在如水稻品种选择、机插均匀度、氮肥利用率等技术难题。

三是新机具研发与创新仍需加快。目前，江西省适应杂交稻、超级稻高产机械化和免少耕高产栽培以及秸秆全量还田高产栽培机械化发展需要的新机具研发与创新仍不能满足杂交稻和超级稻大面积高产栽培的需要。例如，机械化秸秆还田技术还不够成熟，秸秆不能完全粉碎和均匀深埋，水稻机械化种植过程中易造成机具缠草、机插漂秧、栽后僵苗等问题。

四、建议

结合党的十九大报告精神和江西省水稻产业发展实际，未来全省水稻产业可遵循"生产提质、品牌强粮"新发展理念，注重生产前端和产品价值后端提升，开启提高全要素生产效率的供给侧结构性改革实践。

（一）从生产前端角度，优调增效，质量创新兴粮

1. 优能

优化存量资源配置，扩大优质增量供给，实现供需动态平衡。

（1）土地与农业劳动力基本资源要素的保护与提升

一是严控土地面积，提升土地质量，加快土地流转。土地是粮食生产发展和产量增加的基础和保障，是不可替代、不可再生的稀缺资源。尤其是在我国土地资源紧缺的情况下，加强耕地资源的保护是藏粮于地战略实施的根本性基础和保障。第一，严控耕地面积，坚持耕地红线不突破，基本农田不占用，真正保住粮食的生产能力和潜能。第二，随着土地经营权不断流转，畅通农村承包地退出渠道，推进农村土地"三权分置"，依托土地流转服务中心等中介机构提升土地要素的流动性。既能充分保障广大农民的财产权益，又有利于土地集约节约利用，逐步实现土地集中、生产规模化、经营产业化和粮食生产科技现代化。

二是促进普通农户成长和家庭农场发展，稳固和提高江西省粮食综合竞争力。第一，要扶持中小型耕地承包户适度发展。党的十九大报告中特别强调保持土地承包关系稳定并长久不变，第二轮土地承包到期后再延长 30 年。因此，在当前和今后相当长一段时间内，耕种

承包地的普通农户依然是数量最多、经营土地面积最大的群体，更是保障我国重要农产品有效供给和粮食安全的主要力量。因此，要大力发展农业生产性服务业。为仍从事农业的普通农户提供专业化社会化服务，积极推广代耕代种、联耕联种、联管联营等农业生产托管方式，降低生产成本，提高经营效益。第二，控制家庭农场规模，提高农场主素质。在尊重市场规律前提下，尤其是我国的经济社会条件和人均资源稀缺的基本情况，粮食作为资源性农产品很难形成国际比较竞争力和比较优势，因此要适度控制家庭农场规模。其次，培养爱农业、懂技术、善经营的高素质农民。农场主的素质决定了家庭农场的发展潜力和未来中国农业的竞争力。

（2）推进高标准农田和农田设施装备建设，实现藏粮于地

一是全面提高农田质量和扩大高标准农田的面积，确保藏粮于地的可行性。在坚持最严格的耕地保护制度，确保耕地数量不减的同时，狠抓农田质量的提高。通过建立有效的农田整治投融资机制、农田培肥和质量提升补偿机制、农田标准质量监管机制，继续实施测土配方施肥、绿肥种植、秸秆还田、畜粪沼气化利用及沼液沼渣及时投入农田、酸化土壤改良培肥、增施商品有机肥等为主要内容。特别注意耕地面源污染的防治和重金属污染的处理。

二是按照资源禀赋、生产条件和增产潜力等因素，加快建设粮食生产核心区和开发后备产区，扩大轮作休耕面积。进一步强化以农田水利建设为中心的农田基本建设，注重农田水网渠系建设，尤其是干渠、支渠的疏浚清淤和农田灌溉排涝系统以及受灾后水毁农田基础设施的修复更新，真正做到旱能灌、涝能排，从工程设施上降低粮食生产的灾害风险。加强农田基本连片整治，以保证全程机械化作业和粮食生产机械化水平的提升。结合2018年农业结构调整补贴，扩大轮作休耕范围，改善土地质量。

三是加大仓储、烘干等配套设备建设，推进和示范水稻生产全程机械化。在国有粮企仓库配备稻谷烘干设备，粮农收割稻谷后直接送到粮企烘干，达标后直接交售粮库，让粮农享受"最后一公里"红利。支持开展粮食烘干、农机场库棚、仓储物流等社会化服务组织，大幅增加烘干设备购置补贴额度，以专项补贴、贷款贴息等方式支持储粮设施建设，降低粮农烘干成本。

（3）积极拓宽粮食收购渠道，实现去库存

一是推动粮食产后服务体系建设，国有粮食企业严格执行国家粮食收购政策，主动适应粮食生产组织方式的新变化，与种粮大户、农民合作社等新型粮食生产经营主体对接，开展代储存、代烘干、代质检、代加工、代销售"五代"业务，以基层现有粮库为基础进行功能改造，优化地方国有粮食库点布局，采取"退城进郊"等方式，为新型农业经营主体和小农户提供专业化服务，提高入库原粮品质，形成多元化、规模化的合作格局，构建渠道稳定、运行规范、方便农民的新型粮食收购网络体系。

二是在积极争取国家粮食"去库存"政策支持的同时，承储企业严格落实政策性粮食销售和出库政策，加快政策性粮食竞价交易，加强与周边省份合作，鼓励多元主体多收粮、农民多存粮。

2. 调优

（1）调结构、调品种、优布局，实施比较优势战略

一是加快绿色投入品的开发、研究、运用。从农药、肥料、饲料投入品上下功夫，推出绿色投入品，实现安全生产，降低稻谷镉含量。

二是抓好水稻种植结构调整，实现高效生产模式。重点集成双季双抛、双季机插、双季直播等高产高效技术；组装双季稻＋油菜（绿肥）、一季稻＋再生稻＋油菜（绿肥）、早籼晚粳、一季中粳＋油菜／

绿肥等高产高效模式，选育优质早稻和早稻直播专用品种，压籼扩粳，压常规稻、扩优质稻，加大优质水稻品种推广，如甬优1538、春优84。对劳力不足的双季稻区，可适当种植部分再生稻调配生产季节，提高二茬稻谷质量。

三是推广"水稻＋"种养结合模式。积极引导和扶持种粮大户、家庭农场、农民合作社、农业龙头企业等新型经营主体，开展稻鸭、稻蛙、稻鱼、稻虾等综合种养示范，构建绿色生态种养技术规程。

（2）打造一批绿色高效典型，示范推广粮食种植新模式，激活粮食产业

一是充分利用好国家生态文明试验区（江西），国家级、省市县级现代农业示范区建设，现代农业（水稻）产业体系项目或水稻科研项目建设。鼓励农技专家，尤其是要充分发挥江西省水稻产业技术体系中全产业链研究团队中各岗位专家的技术专长，深入到各地开展粮食增产模式示范，积极试验示范和推广新型高效水稻种植模式，形成地方示范带动效应，带动周边区域均衡发展。

二是通过示范建设工程，推动现代信息技术在粮食收购、仓储、物流、加工、供应、质量监测监管等领域的广泛应用。推动绿色有机大米溯源，树立绿色有机粮食品牌，打造几个和粮食相关的主导产业，带动生产、服务、经营方式变革，实现粮食全产业链发展。

3. 增效

实现江西水稻产业现代化核心和关键要靠科技，靠科技创新、靠科技进步。

（1）科技增效，提升科研创新能力

一是坚持区域发展特色，围绕政策导向与生产需求双轨，使科研

成果更具实用性。科研人员既要围绕政策导向开展科技攻关，也要深入生产一线发现问题寻找课题，根据农民、企业和新型生产经营主体的实际需求开展研发工作，使研发成果更接地气。如应加强双季稻机插技术、培育直播专用早稻、攻克稻曲病防治难题、研发利用智能化和水肥一体化技术。

二是引导科研院所与企业协作，大力发展现代种业，全面提升自主创新能力。推动科研单位与企业合作，共同设立研发基金、实验室、成果推广工作站等，加强杂种优势利用、分子设计育种、高效制繁种等关键技术研发，培育和推广适应机械化生产、高产优质、多抗广适的突破性新品种，完善良种繁育基地设施条件，协调商业化育种与科研创新的双轮驱动，提升种业的创新能力。

（2）推进和示范水稻生产全程机械化

一是培育符合现代稻作生产需求的优良品种并合理布局。要从品种选育入手，选育一批与机械化相适应的抗倒伏能力强、生育期适中、返青分蘖快、根系发达的优育品种，特别是超级稻和大穗型品种。要开展籼稻、粳稻和杂交稻合理布局，选择相应丰产机械化方式，发挥各地品种优势和潜力。同时通过改良和选择品种，提高作物生物特性和物性的统一度，便于机械统一作业。

二是研究适宜丘陵山区水稻生产的小型农机具。要根据丘陵山区的土壤类型、水热条件、耕作制度，系统调查分析水稻栽培农艺，实现农机农艺有机有效融合，为丘陵山区农机具开发和推广应用奠定基础。政府应扶持农机企业创新研制一批适应性强、操作简单、可靠性好的小型轻简农机装备，重点研究开发适合丘陵山区小田块水稻机械化种植机械，为丘陵山区农机化发展夯实装备和技术基础。

三是农机农艺切实融合，构建水稻丰产栽培全程机械化技术体系。选型或研发配套的秸秆还田、种植、施肥、灌溉、植保等先进机具与农艺技术，加大低成本、高性能、高可靠性、多元化的播栽机械研发力度，加强本土化水稻机械化（超）高产高效栽培关键技术研发。针对目前全省水稻直播面积日益增大的现状，要大力研发能使水稻在田间有序精确分布的条播或穴播机械，在精确行株距的同时，确保种子播在土中的适宜深度。加大力度开展育秧技术研究，针对杂交稻机插生长特性，攻克杂交稻机插标准化壮秧培育与大田质量群体起点建成难题，为杂交稻高产群体构建提供技术支撑。

针对水稻病虫害防治问题，将高效安全植保机械研制、施药技术研究和各类药剂开发应用作为有机统筹考虑，增强植保装备和技术的创新，提高农药利用率和农产品安全性，促进病虫草防治精准化、高效化、机械化、无害化。

与此同时，突出区域稻田主体种植制度下的水稻高产高效全程机械生产模式与栽培技术体系的集成创新，特别是前季作物机械收割、秸秆全量还田耕作整平、精确高质量机插以及此后配套高产农艺的统筹研究，通过改进农艺技术，提高农机作业的适应性，以实现农机在水稻生产上的规模化、标准化和集约化作业。

四是在江西省范围内重点创建农机示范社，有效发挥示范社样板带动作用，引导支持示范社加大配套机具和基础设施投入，提高服务能力，打造服务品牌，推动农机合作社整体建设和农机社会化服务跃上新台阶。利用各种宣传手段，加大政策宣传力度，适时组织现场演示，开展多种形式的培训、示范，从而更大范围地带动辐射全省水稻全程机械化的推广普及。

（二）从产品价值后端角度，破瓶颈，品牌文化强粮

品牌是市场发展的重要载体，可带动产品价值和市场竞争力提

升，实现产业升级和综合效益提升。

1. 强化加工环节

长期形成的稻强米弱格局难以打破，稻米全产业链中最薄弱的环节仍处在加工链条，做强、做大大米产业是江西省粮食产业发展的目标和方向。因此，提高粮食加工企业的规模和实力非常重要。一是提高企业在稻谷加工技术研发方面的投入，不断研发新技术、新产品。发展稻谷加工，鼓励支持加工企业改造升级，加强机械加工技术研究和碾米稻谷水分控制，加强碎米综合利用、油糠综合利用、粗糠综合利用等稻谷综合利用技术研究和引进吸收，加强江西米粉和蒸谷米的开发。提升粮食加工技术装备水平，控制盲目投资和低水平重复建设，倒逼落后加工产能退出。二是加快发展粮食精深加工与转化，突出某一功能，大力推动水稻初精深和主食加工发展，如富硒大米、高糖米、米粉稻、富含γ-氨基丁酸（GABA）、低谷蛋白等特种稻、功能稻（保健稻）特色品种。

2. 强化稻米文化的注入，创"江西大米"品牌

按照"政府引导、企业自愿"的原则，进一步整合现有商标资源，同时大力推进以优势企业和优势品牌为核心、"江西大米"为母品牌的双商标策略，实行统一品牌、统一包装、统一宣传、利益分享。品牌打造中强化绿色生态稻作文化的注入，使稻米具有生命力和精神力，使受众食"江西大米"有所感、所悟。鼓励和支持本省粮食企业与省外企业合作，建立深化产销协作长效机制，扩大赣产稻谷在省外市场的占有率。鼓励和支持省内粮食企业到省外、境外开办企业和开展投资合作。

3. 树立"大农业"观念，实现三产融合

发展与稻米相关的休闲农业、观赏休闲旅游业、电商业、商贸物

流业、生产性服务业、绿色餐饮业等，加大粮食文化资源的保护和开发利用力度，支持爱粮节粮宣传教育基地和粮食文化展示基地建设，推动文化产业、休闲产业与稻米生产相交叉的新型产业发展，进一步促进农业产业结构调整，实现一二三产业融合发展。

4. 依托智慧农业，积极开展"互联网＋"现代农业行动

结合 2017 年 7 月江西省出台的《江西省整省推进信息进村入户工程工作方案》全省智慧农业建设，大力推进现代信息技术在粮油产业上的运用，不断改造传统粮油产业，提升产业发展水平。第一，建立生产智能监测服务平台。建立粮油生产田间定点监测点，对作物生育进程、生长环境、土壤肥力、苗情、墒情、灾情等信息进行定点监测、实时数据采集分析，因时、因地、因苗指导作物生产。第二，建立病虫害实时自动监测系统。建立病虫田间监测网点，配备基于物联网的自动虫情测报灯或害虫自动计数性诱监测系统等设备，实现病虫发生信息的实时自动采集和传报。第三，推广应用"江西微农"微信服务平台。组织农业干部、农技人员、示范区种植大户、新型经营主体等关注使用"江西微农"微信平台，实现高产高效关键技术应用网上实播，提高服务效率，提升示范效果。第四，实现数据互联互通。大力推进农业物联网建设，将示范区物联网与江西省农业厅"智慧农业"云平台端口对接，实现数据互联互通。第五，积极发展粮食电子商务，推广"网上粮店"等新型粮食零售业态，促进线上线下融合，建设市场交易和网上卖粮双流通渠道。

5. 开展订单农业和私人订制，推动农业经营由生产导向型向消费导向型转变

第一，推动国有粮食企业向上游与新型农业经营主体开展产销对接和协作，通过定向投入、专项服务、良种培育、订单收购、代储加

工等方式，建设加工原料基地，探索开展绿色优质特色粮油种植、收购、储存、专用化加工试点，为打造有市场影响力的品牌提供优质粮源。第二，粮食企业开展定制化服务，实行会员制，会员可全程监控认养的田块，采用精耕细作模式，企业则定期配送新米到会员家庭，满足消费者的不同需求。

江西省水稻产业发展报告
（2018）

全球水稻生产一直保持稳定，亚洲是全球水稻生产集中区、稻米主要出口区，中国则是全球水稻播种面积第二、总产量第一、稻米进口量第一、稻谷库存量第一大国。据联合国粮农组织统计，2017年度全球水稻播种面积约 16 725 万公顷，总产量约 76 966 万吨，平均单产约 4 602 千克/公顷。其中，亚洲播种面积、产量分别占世界播种面积、总产量的 87.02％和 89.99％。中国播种面积 3 074.7 万公顷，总产量 21 267 万吨，播种面积仅次于印度 4 378.9 万公顷。2017年，亚洲地区稻米出口量、进口量分别占世界总出口量、总进口量的 80％和 27.9％；中国则成为全球稻米最大进口国，进口量达 5 000 万吨，约占全球 10％以上。

2018 年，中国水稻产业发展形势总体向好，水稻供给侧结构性改革成效显现，进口来源国增多，进出口区域基本稳定，进口量同比下调但仍是大米净进口国。一是据国家粮油信息中心预计，2018/2019 年度我国进口稻谷 450 万吨，较上年度减少 50 万吨；2018/2019 年度出口稻谷 250 万吨，较上年度增加 50 万吨。据中国海关最新统计显示，2018 年我国大米进口稻米 308 万吨，同比下降 23.6％；出口量达到 214 万吨，同比增加 78.33％，为 2004 年以来最高水平。中国稻米正在以极具竞争力的价格扩大其在国际市场的份额，但进出口量差仍大。二是受中美贸易摩擦影响，除越南、泰国、缅甸和巴基斯坦等传统主流大米出口国向我国出口大米量继续增加外，俄罗斯也积极增加粮食出口至我国。三是大米进出口地区基本稳定。大米进口地以沿海为主，出口地以粮食主产省为主。四是 2018 年我国稻谷播种面积、总产量均小幅下调，单产增加。据国家统计局发布，2018年中国稻谷播种面积为 3 018.9 万公顷，同比减少 55.8 万公顷；稻谷单产为 7 027 千克/公顷，同比增加 109.5 千克/公顷；稻谷总产量为 21 213 万吨，同比减少 576 万吨。五是人均稻谷消费量减少，饲料消费量增多，稻谷总消费量稳中有升。据国家粮油信息中心预计，2018/2019 年度国内稻谷总消费为 19 330 万吨，较上年度增加 266 万吨，其中国内食用消费为 15 850 万吨，较上年度略减 30 万吨；饲料消费及损耗为 1 500 万吨，较上年度增加 50 万吨；工业消费 1 850 万吨，较上年度增加 250 万吨。六是稻谷市场行情下滑。2018 年 3 月开始，国家采取提前重启拍卖稻谷、降低起拍价、增加拍卖频率等措施加大了去存库力度。我国稻谷去库存加快，拍卖稻谷迅速成为市场原粮供给的主渠道，市场上出现了大量流拍、买方主动违约、终止合同的现象。

一、2018 年江西省水稻产业发展现状

1. 水稻生产稳步发展，种植总面积稳中略降

2018 年，江西粮食生产总体稳定，水稻播种面积稳中略降，早、晚稻面积下降，中稻面积小幅上升，迈向提品质、优结构的新局面。据国家统计局数据，2018 年江西省稻谷面积 343.62 万公顷，同比减少 6.847 万公顷；单产 6 090 千克/公顷，同比增加 22.5 千克/公顷；总产 2 092.5 万吨，同比减少 33.65 万吨。一是早、晚稻生产呈现"面积下降、单产增加、总产减少"态势。2018 年江西省早稻面积 120.76 万公顷，同比减少 71.61 千公顷；单产 5 746.5 千克/公顷，同比增加 141 千克/公顷；总产量 693.9 万吨，同比减少 23.17 万吨。2018 年，江西省晚稻面积 131.88 万公顷，同比减少 4.8 万公顷；单产 6 195 千克/公顷，同比增加 15 千克/公顷；总产 804 万吨，同比减少 41 万吨。二是中稻生产呈现"面积上升、单产增长、总产增多"态势。2018 年，江西省中稻面积 90.98 万公顷，同比增加 5.113 万公顷；单产 6 588 千克/公顷，同比增加 15 千克/公顷；总产 594.5 万

吨，同比增加 30 万吨。受 8 月持续高温天气影响，部分地区干旱严重，给江西省中稻生长带来一定程度不利影响，尤其是赣中北部地势偏高的丘陵山区中稻受影响更大。但随着"白露"节气的到来，气温逐渐下降，其间下了几场及时雨，中稻生长形势后期转好。

2. 优质优价特征明显，优质化进程加速，优质稻面积增多

一是优质优价特征明显，优质杂交稻种子需求呈快速增长。由于口粮消费结构升级，市场供应偏紧的优质品种深受加工企业青睐，价格一直坚挺。例如早软占上市以来稳定在每百斤 150 元左右，远高于托市价；美香粘在赣州地区售价长年坚挺，卖给粮贩每百斤 175 元，比 2017 年每百斤高 1 元，优质化进程明显加速。野香优系列、万象优系列等优质杂交稻每百斤 160 元，还供不应求。而其他普通杂交晚稻的收购价低于国家稻谷最低收购价。预计今后几年，随着江西省优质稻面积扩大，兼顾优质高产的优质杂交稻前景看好。二是优质稻面积增多。受稻谷最低收购价再次下调影响，江西省农业厅大力推进优质稻订单生产，粮农主动调整种植结构，多选择优质稻品种。江西省农业厅大力推进优质稻订单生产，全省优质稻订单面积 66.0 万公顷，优质稻订单面积占全省粮食播种面积的 19.2％，优质稻订单收购价格高出同期市场价格 5％以上，生产效益同比提升 10％。加之江西省持续统筹整合资金推进旱涝保收、持续高产稳产的高标准农田建设，加大了稻谷良种推广，提高了耕地粮食种植效率。

3. 市场化收购增加，市场供应宽松，稻米价格呈弱势运行

一是市场化收购量和收购率双增长。据江西省粮食局监测，截至 2018 年 9 月底托市收购结束，全省累计收购新早稻 70 亿斤，同比增加 7 亿斤；其中，社会企业收购 31.5 亿斤，同比增加 3.1 亿斤，增幅 11％。截至 2018 年 12 月 15 日，江西省共收购中晚稻 52.7 亿斤，同比减少 4.0 亿斤；其中，社会企业收购 36.4 亿斤，同比增加 3.4 亿斤。二是市场供应宽松，粮价持续低迷。随着国家去库存加速，各类政策性粮食持续加量投放市场，安徽、浙江等周边省外轮换粮低价流入江西省，导致江西省稻谷供应宽松，市场上低价粮供应过剩，粮价短期内呈持续低迷态势。中储粮轮换粮因保管条件好，粮质较好，2015 年粮食车板价每斤 1.02 元左右，销售情况略好；市县储备轮换粮每斤 0.9 元左右，成交寥寥；托市粮竞价销售，零星以底价每斤 1 元成交，成交率仅 1.4%。三是稻米价格呈现弱势运行。据江西省农业厅市场与涉外处监测，2018 年 1～12 月，江西省早籼米的批发价在 1.85～1.95 元/斤，同比减少 4%～7.5%；晚籼米的批发价稳定在 2.25 元/斤，同比基本持平（图 1）。此外，从图 2 中可以看出，从 2018 年 2 月开始，国内晚籼米批发价走低，而江西省晚籼米批发价持稳偏高。由此可见，江西晚籼米价格坚挺，而早籼米价格趋弱。

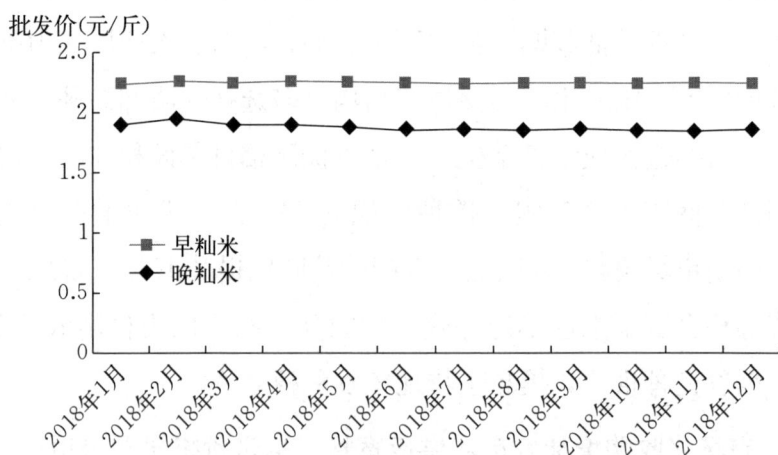

图 1　2018 年 1～12 月江西省早籼米和晚籼米批发价走势

4. 稻田综合种养快速发展

江西省结合土地用途开展高标良田建设，切实提高土地利用效益。2018 年，江西省稻田综合种养面积达 100 万亩，以稻虾为主，

批发价(元/斤)

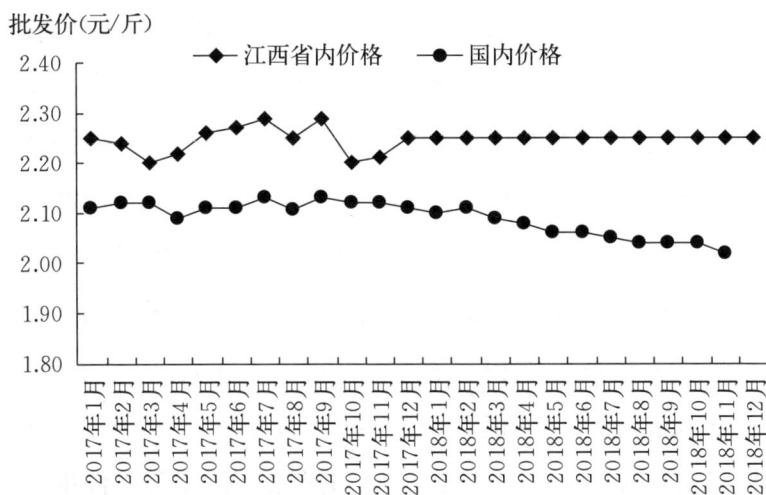

图 2　2017 年 1 月至 2018 年 12 月江西省和国内晚籼米批发价走势

还包括稻鳖、稻鳅、稻鱼、稻蛙、稻蟹等模式。在保证粮食产能的基础上，既促进了优质水稻的绿色发展，又促进了生态渔业产品的丰富，实现了稻渔共生双优质和双受益，一般亩增收 2 000 元左右。稻虾共育快速发展，稻鳖共生成为新亮点。水稻产业技术体系联合特种水产和油菜产业技术体系，在云山垦殖场凤凰山分场指导开展的 500 亩稻田养鳖再创佳绩，亩增收达 7 000 元。

5. 主动融入区域和产业建设，产业技术体系的社会服务能力不断加强

江西省水稻产业技术体系积极响应农业供给侧结构性改革和乡村振兴战略，主动融入区域和产业建设。2018 年，在江西省范围内大力开展水稻生产技术示范推广活动，体系的社会服务能力不断加强。一是示范推广"双季机插、双季机直播、晚稻早种-连种、晚稻早种-再生、早籼晚粳、有机稻米、稻田综合种养 7 种新型生产模式，为江西省水稻生产体系建设提供了范本和典型案例。二是组织多次技术示范现场测产和观摩会，向外界推荐好的经验和模式，提高了体系的社会影响力。在云山垦殖场凤凰山分场指导开展的稻田养鳖，在保证粮食产能的基础上，既促进了优质水稻的绿色发展，又促进了生态渔业产品品质，实现了稻渔共生双优质和双受益。三是结合江西省农业厅高产高质高效创建、优质稻协同推广等各项科技行动、创新联盟和产业发展需求，努力做好体系社会服务工作。四是积极对接服务巴夫洛等田园综合体建设，积极对接服务凤凰山垦殖场、鄱阳湖米业等企业主体，充分发挥科技引领和示范带动作用。五是切实有效开展科技扶贫工作。深入莲花县、泰和县、宜春市、新建区、永修县、井冈山市等地开展科技创新、技术培训、优质稻提纯复壮和新品种推广、技术示范、行业专家现场授课培训等科技帮扶活动，有针对性地解决区域水稻生产中的实际问题。

二、江西省水稻产业发展存在的主要问题

1. 成本上升而收益下降，优质常规稻品种存在退化、混杂现象

当前，农资价格全面上涨，稻谷最低收购价大幅下调，加之收购启动时间推后、极端恶劣天气等不利因素的轮番影响，种粮成本和风险上升，收益明显下降。以江西省近 5 年的早稻成本收益为例（图 3），2018 年早稻亩产值 1 059.4 元、亩均纯收益 361.6 元、亩均总成本 697.8 元，相比 2014 年分别下降 84.8 元、下降 129.8 元、上升 45 元。

受此影响，近几年江西省粮农为降低生产成本，多采用人工撒直播方式种植水稻，每亩用种量加倍，直播稻发展迅速，优质常规稻面积越来越大，已从 30% 增加到 50% 以上。然而，江西省多数优质稻品种已经应用多年，难免存在品种退化和混杂现象，需要加强提纯复

收益(元/亩)

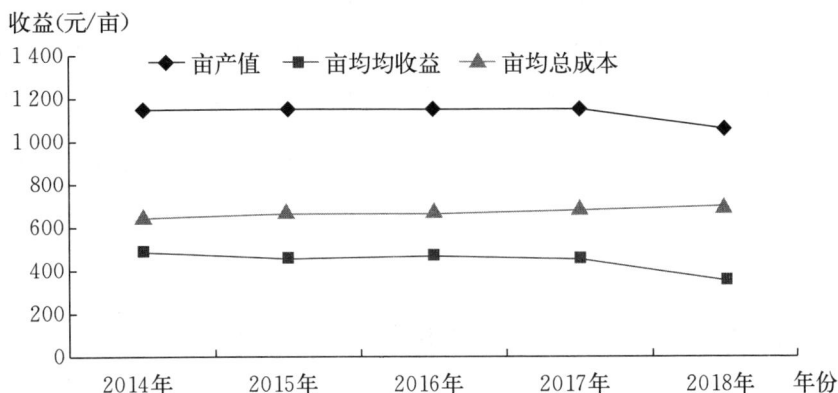

图 3　2014—2018 年江西省早稻成本收益情况走势

壮，跟进服务。此外，农民多喜欢用自留的常规稻种子，这易引起优质稻退化。加之农机大面积推广使用，按照机收损失率 0.5％～1％计算，早稻收获后有 5～10 斤早谷散落田间，大于晚稻播种量，易造成优质晚稻粒型混杂不优质。而由于缺乏优质稻提纯复壮的专项经费，科研单位只能开展少量原种的提纯复壮，难以满足大面积生产的种子需求。

2. 优质杂交稻品种数量偏少且易倒伏，农机需求缺口较大

随着江西省粮食供给侧改革成效初显，以及优质优价趋势明显，江西省早稻面积快速缩减，中稻（一季稻）面积得到一定程度增长。多数粮农选择生育期长而产量较高的水稻品种，在确保较高产量的基础上追求优质。而目前江西省市面上口感好、品质佳的优质杂交稻品种数量还是偏少，如万象优华占、万象优双占、野香优 2 号、泰优 398、软华优 1179、泰优航 1573、隆两优 534、晶两优 534、梦两优 534、银丰优华占、泰优 871 等，选择余地不大，尤其是缺乏适合稻田综合种养模式的优质杂交稻品种。同时，食味越好的优质杂交稻品种越容易倒伏，影响农机操作和水稻产量。

此外，生育期长的水稻品种，收割期明显较往年有所延后，到 11 月下旬仍有秋粮陆续收割，然而这就面临着后期多雨、收割期稻田土壤湿度大、农机无法下田作业的情况，偶遇晴天，但农机服务跟不上，粮农无法在第一时间抢收。而抢收的稻谷含水量偏高，如果未及时干燥，易导致稻谷品质变异，发热霉变，发芽率降低，整精米率不稳定。

3. 粮食收购政策最低收购价下调，粮农种粮积极性受挫

国际稻米市场对粮食主产区的冲击依然很大，我国粮食最低收购价政策改革已于 2014 年拉开序幕。受 2018 年收购价下调影响，水稻规模种植效益已被粮价下调和成本上升所抵消。结合调研所得，多数粮农表示，如果粮价继续下调，则考虑减少流转地面积。因目前一级耕地地租在 7 500 元/公顷，甚至高达 9 000～12 000 元/公顷，种植成本太高。目前统计来看，专业型种植户在早稻上的投入成本（不含人工成本）约在 10 500 元/公顷；或考虑"双改单"，降低成本；或调整目前种植品种，选择更优质的稻谷种子，实现优质优价。此外，目前我国出台的耕地地力保护补贴针对的是确权登记颁证到户的耕地面积，粮农只能享受到登记证上的直补，一定程度上降低了粮农种田积极性。

4. 国有粮企与私营粮企处于不平等竞争，私营粮企抗市场冲击力不足

中储粮系统、国有粮食购销企业和粮管所享受着国家给予保管费、轮换补贴和优惠贷款等国家政策性补贴，基本垄断了托市粮收购市场，无法达到"藏粮于民"的目的。而私营粮企收购资金均为自有，但农村金融产品单一，企业自身贷款融资难度较高，多数为商业贷款，贷款利息高，加上民间借贷欠规范，导致私营粮企大多只能收购自身资金承受能力内的稻谷存量，边加工边收购，而一旦过了收购集中期，粮农无粮可售，企业只能通过轮拍或更高价从其他渠道获得。此外，2018 年国家储备粮轮换较快、较多，流入市场的原粮激增，再加上进口低价粮冲击粮食市场，私营粮企自身的存粮销售更加困难。

5. 企业自主大品牌少，竞争力较弱

江西农业企业普遍存在重生产、轻营销和重产品开发、轻品牌培育的现象。据统计，江西每年的稻谷抽检合格率均在 95％以上，通过"三品一标"认证的大米品牌超过 500 个，但比较大的品牌仅有"金佳大米""玉珠大米"被评为中国大米名牌，"国米万年贡"被评为"中国十佳粮油高端品牌"，"高安大米"被评为"2017 最受消费者喜爱的中国农产品区域公用品牌 100 强"。即使拥有这些名牌产品的企业，在扩大品牌影响上的动作不大、不多，无法提升产品在高端市场的知名度、美誉度，难以打开高端市场。究其原因，客观上是江西农业企业规模小、实力弱、资本不雄厚。主观上是缺乏现代管理知识、不懂现代营销方式。在品牌培育上不愿"常做""做长"，追求"速成"，在品牌宣传和推广上不愿持久投入。近两年，江西省财政拿出 1 亿元补贴全省有一定知名度的农产品品牌在央视黄金栏目、黄金时段进行广告宣传，但是积极主动参加的农业企业为数寥寥。

6. 部分稻田（水）重金属含量超标影响大米外销

2013 年，广州公布的重金属检测结果，令湖南大米陷入困境。而江西省内也存在部分稻田（水）重金属超标问题，但一直未受到应有重视。2018 年开始，广州对进入广州的各地大米进行检测，一旦发现镉超标大米，则被禁止调入广州，部分江西大米同样面临禁入情

况。湖南省及时重视土壤重金属问题，向国家和省部级申报数个重大专项，筹资十亿攻关，已有较好研发进展，值得借鉴。而江西省对此重视不足，投入不够，科研攻关和示范推广有限。

三、江西省水稻产业发展的对策

2018 年中央 1 号文件指出，产业兴旺是乡村振兴的重点。围绕"产业兴旺"精准发力，采取积极应对措施，借力科技创新，加大产业投入，构建产业体系、生产体系、经营体系三大体系，探索江西水稻产业兴旺之路。

（一）建设水稻产业三大体系，助推产业兴旺，服务乡村振兴

江西省人民政府出台《加快农业结构调整的行动计划》规划了江西省九大特色优势产业发展布局，江西省农业厅关于实施乡村振兴战略加快推进现代农业强省建设的意见，围绕质量兴农、绿色兴农、产业兴农、品牌强农、改革兴农、科技兴农 6 个方面，提出了 25 条具体意见。江西省农业科学院已组织开展乡村振兴九大行动。

下一步主要围绕"产业兴旺"精准发力，在加大产业发展投入的同时，进一步加大科技创新投入，构建三大体系：一是构建产业体系，强化优质大米产业发展工程，加快农业结构调整和供给侧结构性改革，推进田园综合体和园区建设，做强休闲农业和乡村旅游，促进三产融合。二是构建生产体系，推进小农水基础设施建设，推广水稻种植新模式，强化绿色生产与机械化技术，推进优质化、标准化、规模化生产。三是构建经营体系，助推会员订制新业态，强化品牌建设。大力发展"互联网＋"农业，转变经营方式。

（二）加强优质早稻技术攻关，示范推广新型生产模式，推进优质稻米产业发展

1. 重点扶持优质稻攻关研发

政府部门成立专项经费，组织科研单位加快优质常规稻提纯复壮研究，尽早开展优质早稻育种研发，解决优质早稻品种不足和优质稻退化问题。根据优质稻品种的特点，开展优质杂交稻不育系的选育和优质杂交稻抗倒栽培技术．

2. 大范围示范推广"晚稻早种-双种"创新模式

"晚稻早种-双种"模式下，早稻增产且优质，且基本无农药残留和重金属超标风险，米业提价收购，早稻收获期稍延迟但不影响晚稻早熟品种抛秧或移栽，可实现双季优质稻总产过吨粮，有效解决早稻缺优质稻品种的问题。吉水 80％的面积都是双季种植井冈软粘，农户每亩增收 300～400 元，加工企业大米增效 0.1～0.2 元/千克（早米可当晚米卖）。绿能集团大面积采用优质晚稻品种泰优 398 种植双季稻，利用绿色优质早米概念抢市场，早米卖价 2.58 元/斤，反而比同品种晚米高 0.1 元。然而，晚稻种子作早稻卖不符合种子法，建议把泰优 398 作早稻审定。

3. 积极推进"早籼晚粳"模式

江西省农业农村厅推进"籼改粳"多年，进展良好。必须因地制宜推广早籼晚粳模式，以晚粳为主；可充分利用粳稻灌浆期耐低温的特点，延长水稻生长季节 15 天，亩增产 75 千克。适当发展粳稻，重回浙江和上海市场，将为江西省稻米出路打开新局面。目前，推广的粳稻品种以浙江宁波的甬优系列籼粳杂交稻组合为主，食味品质好、产量高，可大量节约水稻面积用于发展蔬菜等高效作物。

（三）实施科技创新驱动，培育新业态，提高产业综合效益

1. 坚持夯实基础强科技，健全农技服务体系，实施科技创新驱动

一是围绕育种、农机装备、加工转化、质量安全、节粮减损、现代仓储物流和智慧水稻等关键领域，组织实施农业科技创新重点专项和工程。二是主动对接全国水稻产业体系、行业专家，交流信息，取长补短，培育和推广适应机械化生产、优质高产和多抗广适性水稻新品种，选育优质专用稻品种。三是健全农技服务体系，主动对接全省各地县市，继续深入推进 7 种新型生产模式，引导条件适宜区域开展稻鳖、稻鸭、稻蛙、稻鱼、稻虾等绿色生态稻渔综合种养示范，构建绿色生态种养技术规程。四是充分发挥农业科技协同创新和产业联盟的科技示范带动能力，推动产学研用紧密结合，加快科研成果转化。

2. 扩大社会化服务范畴，推进智慧农业建设，解放人力

推动农业机械化服务由产中向产前、产后环节延伸，促进社会化服务规范化、规模化，防止社会化服务被个人服务和政府服务取代。构建统一高效、互联互通的信息服务平台，大力实施"互联网＋现代农业"行动，推动现代信息技术在粮食生产领域的广泛应用，建立生产智能监测服务平台和病虫害实时自动监测系统，对作物生育进程、生长环境、土壤肥力、苗情、墒情、灾情、病虫等信息进行定点监测、实时数据采集分析，因时、因地、因苗指导作物生产，加快推进智慧农业建设。

3. 培育新业态，实现三产融合

改变传统一产格局，需要三产融合，升级发展。发展与稻米相关的休闲农业、观赏休闲旅游业、电商业、商贸物流业、生产性服务业、绿色餐饮业等，加大万年稻作和东乡野生稻等粮食文化资源的保

护和开发利用力度，支持爱粮节粮宣传教育基地和粮食文化展示基地建设，鼓励企业构建文化产业、休闲产业与稻米生产相交叉的新型产业发展，进一步促进农业产业结构调整，实现一二三产业融合发展。

（四）完善补贴和保险机制，持续加大支农力度，保护粮农种粮积极性

1. 建立补贴机制，完善支持保护政策

一是有效整合各部门优质资产与支农资金，支持耕地地力保护和粮食适度规模经营，重点支持新型农业经营主体、绿色生态有机农业发展。二是完善资助规则和奖补政策，防止资助对象过度重复集中，减少一般性补助，增加奖励性政策。依据"谁种田谁受益"原则，综合考虑土地确权证上的面积和流转面积制定补贴政策，防止暗箱操作。推进休耕轮作补贴，为规模经营主体提供营销贷款担保，对区域品牌加工企业与种粮经营主体签订的优质稻收购订单给予专项补助，建设一批产业融合紧、种植效益高的优质大米基地。三是采取更灵活的农机补贴政策，让更多粮农用得起农机。各县区可以根据地方实际，因地制宜调整补贴范围和补贴机型，满足农民的生产需要；也可以根据供求关系适当调整补贴比例，考虑对农机具购置实行二次补贴，即除国家补贴外，江西省内各县区对应性给予同等财政补贴。四是地方政府加大对生产者补贴政策的探索，在当前国家出台的制度基础上，依据"高质高补贴"原则，构建农产品目标价格制度，按照市场差价补贴生产者，逐步完善水稻农产品目标价格制度。五是加快推行以股份、基金、购买服务、担保、贴息等政府财政性投入方式植入农业发展的重点领域，加大政府和社会资本合作力度。

2. 推动水稻保险支农方式转变

探索完全成本保险和收入保险等试点，开发气象指数保险、价格

指数保险等产品，探索逐步建立政府支持、合作组织经办、企业和农户广泛参加的保险保障体系。一是继续深化水稻农业政策性保险制度建设，有条件的地方由政府全部承担保费，保证农民以非常低的保费率或免费参加农业保险。二是推动粮农购买商业性保险，有条件的县市由地方政府承担50%保费，保险公司承担30%，农户只需承担20%，减轻农民承保成本。三是简化理赔流程，强化监督落实，提高赔付率，确保理赔效率和额度，让农户受灾即能获补，受巨灾能获高额赔付。四是地方政府全面开展"互联网＋农业"工程，利用地理信息系统和农业大数据技术，有效监控田块受损程度，将生产者补贴、农业保险等政策落实到点。

（五）加快金融支农政策创新，拓宽企业融资渠道，解决企业融资难问题

一是加快信用体系建设、健全抵押担保机制，鼓励涉农金融机构扩大农村机构网点数量，适当下放县域分支机构业务审批权限，扩大贷款力度，落实涉农贷款增量奖励政策，给予企业享受无抵押、无担保的贷款优惠，解决粮食经营主体金融信贷需求。二是加快组建农业信贷和农业产业化担保公司，推进多形式抵押贷款试点。三是发展农村金融租赁业务、拓宽农业众筹与互联网金融等资本补充渠道。

（六）树立品牌意识，唱响品牌行动，完善优质大米区域公用品牌创建机制

全面树立农业品牌意识，高度重视品牌建设和维护，鼓励和促进品牌整合和企业联合，实现品牌共创、利益共享。一是实施"质量兴农、绿色兴农、品牌强农"战略，最大限度将江西绿水青山的生态优势转化为绿色有机大米产业优势，着力培育壮大一批"精、专、特、新"的绿色生态大米品牌，尤其要抓好已通过审定的7个区域公用品牌和2个绿色特色品牌建设。二是评选江西好大米。近年来，各省好大米评选活动如火如荼，江西省应在质量优先的新格局中抓住机遇，积极组织好品种、好大米、好品牌的评选。评选中要特别注意统一条件，统一安排种植、加工，杜绝参评中的欺骗行为，切实评选出受市场欢迎的好大米，推进区域大米品牌建设。三是充分借助"510"国家品牌日、"生态鄱阳湖，绿色农产品"品牌推广和展示展销活动等，广泛利用媒体、网络、报纸、展销会等渠道，鼓励农业龙头企业参与省外境外促销活动，让江西优质绿色大米在展会上有身影、电视上有画面、广播里有声音、网络上有信息、报纸上有文章、户内外有标语，高声地喊出来、大声地唱出来，让江西大米成为绿色、健康、有机的代名词，把"江西大米"品牌早日唱响全国、走向世界，成为消费者追求健康安全大米的首选品牌。四是利用现代企业管理制度、管理理念，强化龙头企业和新型经营主体的市场竞争意识，推进农业企业间横向联合，实现"弱弱联强、优势互补"；加速国有龙头粮企重组，有效整合收储资源，提升粮油加工、仓储物流等做强企业的综合服务功能；逐步引导有条件的龙头企业承担政策性粮食收储业务。五是下好"引进来、走出去、卖出去"这"三步棋"。既要主动对接港澳台、长珠闽等区域，聚焦国内外500强企业，引进一批科技含量高、带动能力强、经济效益好的大项目，特别是跨国公司、农业行业龙头企业，提高农业利用外资、人才、技术的质量和水平；又能抢抓"一带一路"机遇，充分发挥江西海外农业投资联盟作用，积极引导联盟会员通过参股、融资和贸易等方式，赴境外开展农业投资、境外农业开发及农产品贸易合作；还能创新农产品流通模式，做大做强"赣农宝"电商平台，推进线上线下融合发展，通过加强冷链物流建设，补齐农产品市场流通这个短板。

（七）创新提升高标准农田建设，改善农业生态环境，提高粮食综合生产能力

1. 创新提升高标准农田建设，提升耕地质量

在坚持最严格的耕地保护制度、确保耕地数量不减的同时，狠抓农田质量的提高，加强农田基本连片整治，优化"三变、三创、八结合"江西高标准农田建设路径，以保证全程机械化作业和粮食生产机械化水平的提升。注重"山、水、林、田、湖"的有机统一，真正把高标准农田建设成为绿色生态农田，补齐江西省农业基础设施的短板，使建成后的高标准农田达到旱涝保收、高产稳产的要求，促进土地流转，带动农民增收、产业结构优化、村集体经济发展、农户脱贫致富，助力全省乡村振兴战略。此外，结合2018年农业结构调整补贴，扩大稻油轮作休耕试点，改善土壤，培肥地力，提升耕地质量和产出率。

2. 开展农业生态环境建设，提高粮食综合生产能力

一是从农田自身生态环境建设角度，推广水稻控肥、控苗、控病虫的"三控"施肥技术。深入实施农药、化肥"负增长"行动，推广生物农药、有机肥等绿色投入品，扩大绿色防控覆盖面，有效遏制农业面源污染。二是开展农业面源污染和重金属污染防治项目建设，尽快修订和完善江西省农用地土壤环境质量标准评价体系，实施土壤质量动态监控，严控污染物流入耕地，从外部环境上确保农产品质量安全。三是地方政府要熟化推广已有重金属污染耕地治理的适用技术，严管农业投入品使用，科学施用有机肥，构建植物-土壤-环境循环立体生态模式。